Ahverdi Ahverdiev

Problemas da dinâmica da evolução da crosta terrestre

AF514449

Ahverdi Ahverdiev

Problemas da dinâmica da evolução da crosta terrestre

ScienciaScripts

Imprint

Any brand names and product names mentioned in this book are subject to trademark, brand or patent protection and are trademarks or registered trademarks of their respective holders. The use of brand names, product names, common names, trade names, product descriptions etc. even without a particular marking in this work is in no way to be construed to mean that such names may be regarded as unrestricted in respect of trademark and brand protection legislation and could thus be used by anyone.

Cover image: www.ingimage.com

This book is a translation from the original published under ISBN 978-620-2-06534-4.

Publisher:
Sciencia Scripts
is a trademark of
Dodo Books Indian Ocean Ltd. and OmniScriptum S.R.L publishing group

120 High Road, East Finchley, London, N2 9ED, United Kingdom
Str. Armeneasca 28/1, office 1, Chisinau MD-2012, Republic of Moldova, Europe
Printed at: see last page
ISBN: 978-620-7-85729-6

Copyright © Ahverdi Ahverdiev
Copyright © 2024 Dodo Books Indian Ocean Ltd. and OmniScriptum S.R.L publishing group

ÍNDICE

ANOTAÇÃO

A monografia é dedicada à elucidação da natureza dos processos geológicos a partir da posição do novo conceito da dinâmica da evolução da crosta terrestre (CDEEC), que foi desenvolvido pelo autor ao longo de muitos anos, com base em dados argumentativos e factuais sólidos, bem como tendo em conta as leis físico-químicas e mecânicas, permitindo elucidar a natureza e as causas da formação de processos geotectónicos globais, que são objeto de discussões animadas entre geólogos-especialistas. A razão para estas discussões foi a falta de um conceito maduro sobre geotectónica, que é a base teórica das ciências geológicas. As principais razões para as lacunas existentes nestes conceitos geodinâmicos, segundo o autor do novo conceito, estão associadas ao facto de não se ter tido em conta a rotação da Terra, no desenvolvimento destes conceitos. E o novo conceito do autor é criado com base na rotação da Terra, com a qual a origem das forças geodinâmicas da Terra e as suas regularidades de distribuição na face da Terra estão ligadas. Segundo a posição de KDEZK, as forças geodinâmicas são as forças motrizes de todos os processos geológicos, incluindo os processos geotectónicos globais. Sob a influência destas forças, ocorrem e desenvolvem-se os principais processos geotectónicos globais, tais como: a origem dos vulcões e terramotos e os seus padrões de distribuição espacial; as causas da origem, bem como o mecanismo de movimento das massas litosféricas; a origem dos sistemas de dobragem das montanhas; a origem dos fenómenos anómalos, tais como a astenosfera, plumas, diapiros, suturas de pontos quentes, etc.; a origem dos sistemas de falhas globais e o mecanismo da sua formação; o mecanismo de formação de diferentes tipos genéticos da crosta terrestre; a origem de diferentes tipos genéticos da crosta terrestre; a origem da crosta terrestre; a origem de diferentes tipos genéticos da crosta terrestre. Em geral, o KDESC abre novos horizontes para a reflexão sobre a evolução da crosta terrestre e pode ser útil a um vasto leque de geólogos em vários domínios das ciências geológicas.

INTRODUÇÃO

O conceito apresentado, a dinâmica da evolução da crosta terrestre (CDEEC), é dedicado à elucidação de problemas teóricos actuais da tectónica, com os quais estão relacionadas muitas questões genéticas da geologia. Todos os processos geológicos possíveis, direta ou indiretamente, são manifestações da evolução geodinâmica da Terra e da sua crosta. Por isso, a identificação de certas regularidades associadas à evolução da crosta terrestre é de grande importância científica e prática.

Neste sentido, a construção de conceitos e modelos teóricos é de extrema importância. É extremamente importante elucidar a natureza dos vários processos geotectónicos, que estão associados à formação e localização de vários tipos de minerais, tanto no espaço como no tempo, constituindo a base de recursos minerais da indústria e da economia nacional.

Sem uma base teórica para estudar as regularidades da formação e localização de vários tipos de minerais, bem como a sua descoberta e exploração, é difícil criar uma base de recursos minerais para a indústria e a economia nacional. A este respeito, o conceito criado da dinâmica da evolução da crosta terrestre é relevante.

No artigo é dada especial atenção à criação de um novo modelo rotacional da evolução geodinâmica da crosta terrestre, tendo em conta as novas conquistas da ciência e da tecnologia. Este problema continua a merecer a atenção de um vasto leque de investigadores. Não é por acaso que os principais investigadores do mundo, empenhados em vários domínios da ciência, criaram numerosos, diversos e multidisciplinares conceitos, hipóteses, teorias, modelos, etc. Isto é natural, porque o desenvolvimento e a evolução da crosta terrestre e a criação de modelos modernos do seu desenvolvimento, ao nível dos requisitos temporais, com base em novos dados, está diretamente relacionado com o desenvolvimento de numerosas áreas científicas, incluindo as ciências naturais.

Além disso, cada conceito, teoria, modelo, etc., ao longo do tempo histórico, sendo sujeito a mudanças, por vezes perdeu significado, teve apenas significado histórico ou melhorou, sendo uma base científica sólida para o desenvolvimento de várias tendências científicas.

No trabalho apresentado, as diferentes construções teóricas da geotectónica são analisadas em profundidade e as suas vantagens e desvantagens são avaliadas criticamente. São também analisadas as ligações destas construções disponíveis hoje em dia através de numerosos factos irrefutáveis. São analisadas as ligações dos princípios básicos deste conceito com os processos geológicos conhecidos, incluindo a geotectónica e outros processos naturais.

Tudo isto permitiu ao autor, com base na rotação da Terra, criar um novo conceito científico da dinâmica da evolução da crosta terrestre. Este conceito é significativamente diferente dos conceitos criados anteriormente e está ligado à natureza do desenvolvimento dos processos geotectónicos existentes. Este conceito explica satisfatoriamente a natureza dos principais processos geotectónicos que ocorreram em diferentes regiões da Terra.

1. UM NOVO MODELO DE GEODINÂMICA DA EVOLUÇÃO DA CROSTA TERRESTRE

Anotação. O autor deste artigo tem trabalhado durante muitos anos no desenvolvimento do conceito-dinâmica da evolução da crosta terrestre (CDECE). Foram analisadas numerosas hipóteses, conceitos, modelos e outras construções teóricas da geotectónica, tendo em conta as leis da física, da mecânica, da química e de outras ciências naturais, bem como dados reais não rejeitados, estabelecidos com base nas últimas realizações científicas. Como resultado destes estudos, foi criado um novo conceito geotectónico (KDEZK), que explica a natureza de numerosos processos geotectónicos. A partir da posição do conceito podem ser explicadas as verdadeiras causas da formação e o mecanismo de formação de numerosos processos naturais, que em conceitos geotectónicos anteriores eram objeto de debate. Estas discussões incluem a origem de fenómenos anómalos, a formação e o mecanismo de formação de sistemas de dobras de montanhas, processos vulcânicos-plutónicos, a origem de falhas profundas globais, as razões para o movimento de massas litosféricas, etc.

Novo modelo de evolução geodinâmica da crosta terrestre

***Resumo.* O autor tem vindo a estudar o desenvolvimento da conceção da evolução da dinâmica da Crosta Terrestre (CECDE) desde há muitos anos. Foram analisadas numerosas hipóteses, concepções, modelos e outras construções geotectónicas teóricas, tendo em consideração as leis da física, da mecânica, da química e de outras ciências naturais, bem como dados factuais não aceites, estabelecidos com base nas últimas realizações científicas. Como resultado destes estudos, foi criada uma nova conceção geotectónica (CECDE), que explica a natureza dos múltiplos processos tectónicos. As verdadeiras razões de formação e o mecanismo de formação de muitos processos naturais podem ser explicados do ponto de vista da conceção. Estes problemas foram objeto de discussão nas concepções tectónicas anteriores. Os objectos destas discussões são a origem dos fenómenos anómalos, a formação e o mecanismo dos sistemas de dobras montanhosas, os processos vulcanoplutónicos, a origem das falhas profundas globais, as razões da transformação das massas litosféricas, etc.**

O conceito apresentado é construído com base nos seguintes princípios

1. Assume-se que a Terra é um corpo cósmico móvel dentro da esfera de influência de outros corpos cósmicos, incluindo o Sol e os seus planetas, bem como a Lua, que é o seu satélite;

1 A Terra é constituída por diferentes geosferas densas;

2 A Terra está na esfera de influência de Solnetsus e cresce tanto na sua órbita como em torno do seu eixo;

3 .a Terra, apesar de estar na esfera de influência do Sol, as suas mudanças mais influentes na vida interna estão relacionadas com a Lua,

5 . À medida que a Terra gira sobre o seu eixo, são geradas forças geodinâmicas que afectam todos os lugares, em todas as suas camadas, e estas forças geodinâmicas são as principais fontes de energia (ou forças motrizes) de todos os processos geológicos que ocorreram na sua esfera de influência;

6 As forças geodinâmicas têm um determinado padrão de distribuição nas suas geosferas, incluindo as camadas internas e atmosféricas, que são factores predeterminantes no desenvolvimento dos processos geotectónicos;

7 . Há opiniões de que todas as geosferas da Terra, dependendo das suas densidades e outras características, reagem de forma diferente à sua rotação, o que é de fundamental importância na construção deste conceito;

8 . Há opiniões de que as forças de Coriolis que provocam a deslocação entre a água (hidrosfera) e a litosfera estão relacionadas com o desenvolvimento de forças dinâmicas que actuam não só entre a hidrosfera e a litosfera, mas também entre todas as geosferas da Terra, incluindo as suas camadas atmosféricas.

9 . As leis básicas da física, química e mecânica, incluindo as leis da inércia e da isostasia, são tidas em conta na construção do KDESC.

A criação do conceito está relacionada com a necessidade de descobrir as razões da origem dos processos geodinâmicos globais, que nas construções geotectónicas anteriores não foram tidas em conta ao nível adequado, com a ligação de não ter em conta as forças geodinâmicas da Terra, que são a principal base para a construção do novo conceito.

A familiarização com numerosas fontes bibliográficas, incluindo trabalhos teóricos fundamentais sobre geotectónica, mostrou que existem muitas lacunas nestes domínios.

A análise dos dados da literatura mostrou que estas lacunas se baseiam principalmente no facto de não se ter em conta as forças dinâmicas que estão associadas à rotação da Terra em torno do seu eixo. Ao construir o conceito de geodinâmica da evolução da crosta terrestre, esta questão é objeto de grande atenção, o desenvolvimento de todos os processos geológicos é analisado a partir desta posição.

Assim, a partir da posição do conceito proposto, que é construído com base em princípios suficientemente sólidos, são elucidadas as causas das manifestações de numerosos processos geológicos. Assim, explicam-se os méritos de cada conceito e avalia-se também a sua ligação com factos firmemente estabelecidos e leis físico-químicas, mecânicas, etc.

Neste aspeto, o conceito apresentado difere significativamente dos conceitos anteriores e de outras construções científicas.

Com base nos princípios deste conceito, as causas dos processos geológicos, bem como a clarificação da sua natureza, que, em geral, ocorrem sob a influência de forças geodinâmicas, são reveladas com sucesso. Tais como manifestações de processos vulcânico-plutónicos, incluindo erupções vulcânicas, terramotos e tsunamis, bem como os seus padrões de distribuição espacial e temporal; mecanismo de movimento das massas litosféricas; origem das falhas profundas e seus padrões de distribuição; origem dos sistemas de dobragem de montanhas; origem dos continentes e oceanos; origem e mecanismo de formação de zonas de tensão, tais como zonas divergentes e convergentes; mecanismo de formação da divisão da crosta terrestre, etc., que são esclarecidos a partir da posição de KDEZK, que são esclarecidos a partir da posição do KDESC.

O esclarecimento da natureza destes processos, permite revelar as condições geotectónicas de formação de numerosos processos geológicos e dar as suas classificações genéticas, que são de grande importância científica e prática.

A classificação dos principais processos geotectónicos, como a classificação das falhas profundas, dos deslocamentos litosféricos, dos sistemas de dobras de montanha, dos processos sismotectónicos, etc., foi desenvolvida com base neste conceito.

Para além do acima exposto, a partir da posição do conceito desenvolvido, são elucidadas as causas de origem e o mecanismo de formação, bem como os padrões de distribuição, as suas inter-relações e muitas outras características dos processos geológicos. Estão ligados a dados factuais firmemente estabelecidos, com os quais os seus valores são condicionados.

Em geral, a elucidação da natureza de cada processo geológico é efectuada com base em materiais factuais, que estão em perfeito acordo com as leis físicas, químicas e mecânicas geralmente reconhecidas, o que é a razão do seu significado científico e prático.

A essência do KDEZK é que as forças dinâmicas são criadas quando a Terra gira em torno do seu eixo. A estas forças, as diferentes geosferas da Terra reagem de forma diferente. Por esta razão, ocorrem transformações de fase físicas e químicas entre estas geosferas, que desempenham um papel extremamente importante na evolução da crosta terrestre. Além disso, todos os processos geotectónicos ocorrem sob a influência destas forças (Fig. 1).

Com base no exposto, são formadas as principais disposições do conceito de dinâmica da evolução da crosta terrestre, que são resumidas a seguir:

1. O conceito de geodinâmica da evolução da crosta terrestre baseia-se na rotação da Terra, tendo em conta as leis e regras geralmente reconhecidas da física, da mecânica e de outras ciências naturais, bem como os dados factuais e o raciocínio lógico firmemente estabelecidos.

2. A partir da posição do conceito, as forças motrizes de todos os processos geotectónicos estão relacionadas com as forças geodinâmicas, cuja origem está associada à rotação da Terra e se espalham naturalmente pelo espaço da Terra, que se desenvolvem em todo o lado, de oeste para leste e dos pólos da Terra para o seu equador. Das relações mútuas destas forças são criadas outras forças tangenciais, que se propagam no hemisfério norte na direção sudeste e no hemisfério sul na direção sudeste, e a origem e o desenvolvimento dos processos geológicos ocorrem sob a influência destas forças.

3. Na posição do conceito, todos os processos geotectónicos estão interligados, a origem de alguns processos está ligada ao nascimento de outros, etc. Na posição deste conceito, os processos mais globais condicionam os relativamente pequenos, o que é considerado um fenómeno natural.

4. A Terra é constituída por diferentes geosferas, que, a partir da posição deste conceito, reagem de forma diferente à rotação da Terra. Entre estas geosferas, sob a influência destas forças geodinâmicas e da lei da inércia de Newton, ocorrem deslocamentos de massas que provocam a formação de transformações de fases físicas e químicas, o que está associado à origem de fenómenos anómalos, nomeadamente astenosferas, plumas, diapiros, suturas, pontos quentes, etc., bem como à origem de fenómenos anómalos.

5. Os processos de deslocação ocorrem em todo o lado, sob a influência de forças geodinâmicas, com as quais a origem e a formação dos principais processos geotectónicos estão ligadas, com as quais estão associadas a deformação e a destruição da crosta terrestre em geoblocos separados, que determinam a formação de redes de falhas profundas e a sua distribuição espacial.

6. A partir da posição do conceito, propõe-se um novo modelo do mecanismo de deslocamento das massas litosféricas (Fig. 4).A partir da posição do KDESC, as espessuras das massas litosféricas sólidas são diferentes. Por conseguinte, as velocidades de deslocação das mesmas ocorrem de forma diferenciada, escalonada. Isto deve-se ao facto de que as zonas poderosas da litosfera, de acordo com as leis da isostasia, em comparação com outras zonas, assentam mais profundamente no manto superior e a sua velocidade de deslocamento diminui, o que está relacionado com o carácter diferencial do deslocamento das massas litosféricas. Além disso, a deslocação das massas litosféricas ocorre sob a forma de escalões, entre os quais se formam cisalhamentos, aos quais está associada a origem das falhas de transformação e, a este respeito, todas as falhas de transformação globais se desenvolvem ao longo de direcções sublatitudinais.

7. A partir da posição do conceito, em todas as geosferas da Terra, incluindo entre as suas camadas atmosféricas, existem fenómenos anómalos, que estão associados a diferentes processos característicos, incluindo fluxos de diferentes massas

características. Além disso, as características destes processos são diferentes. Estes processos entre substâncias sólidas e plásticas são acompanhados por manifestações de transformações de fases físico-químicas. E entre outras geosferas, como a hidrosfera, a atmosfera e as suas camadas constituintes, existem diferentes fluxos característicos, deslocamentos, etc., que também são acompanhados por manifestações de vários processos de tipo anómalo.

8. A origem e a formação de sistemas de dobras de montanha são influenciadas principalmente por processos de deslocação, que se dividem em tipos vulcanogénicos e genéticos de deslocação. Por sua vez, as estruturas dobradas de origem vulcanogénica dividem-se em tipos divergentes, convergentes e transformados. E os tipos genéticos de deslocação dividem-se em tipos gerais de deslocação e tipos colisionais de estruturas montanhosas.

9. A origem dos processos vulcanoplutónicos está relacionada com a interação das falhas profundas com a astenosfera. Falhas profundas, penetrando no manto superior ou na astenosfera, onde ocorre a revitalização da matéria com transformações de fase físicas e químicas. Em conexão com isto, no manto superior ou astenosfera, o regime termodinâmico é perturbado, na zona da astenosfera em contacto com as falhas profundas há um avanço da substância do manto ao longo das falhas profundas para as partes superiores da crosta terrestre. Isto cria uma condição favorável para a manifestação de processos vulcanoplutónicos que penetram nas zonas da litosfera, onde provocam a dissecação dos fundidos magmáticos com a participação de processos de diferenciação, assimilação e contaminação, que contribuem para a formação de diferentes tipos genéticos de complexos de rochas magmáticas e dos seus produtos juvenis, com os quais a formação e a formação de acumulações de minério endógeno estão geneticamente relacionadas.

10. O papel das forças de Coriolis é tido em conta na construção do conceito. A ideia da possibilidade de deslocação entre geosferas é definida com base nas forças de Coriolis. A partir da posição do conceito, a deslocação entre geosferas é caraterística não só da litosfera e da hidrosfera, mas também de todas as diferentes geosferas da Terra, incluindo entre as suas camadas atmosféricas.

11. A partir da posição do conceito, como resultado de processos geodinâmicos

globais, o centro de gravidade da Terra muda. Este facto provoca uma alteração do eixo de rotação da Terra, por ordem evolutiva. Com a mudança do eixo de rotação da Terra, o carácter e a direção dos principais processos geotectónicos mudam, em fases distintas do desenvolvimento da crosta terrestre, o que é provado com base em reconstruções paleotectónicas.

12. Esclarece-se a origem das falhas profundas e o mecanismo do seu desenvolvimento, bem como a regularidade da sua distribuição na crosta terrestre e a sua classificação genética e hierárquica. Foram identificados quatro tipos genéticos de falhas profundas - divergentes, convergentes, colisionais e transformantes. As falhas profundas são também subdivididas por classes - global, regional e local.

13. A classificação genética das estruturas rochosas é apresentada. Estas são divididas em três grupos genéticos: vulcanogénicas, de deslocação e de colisão. A sua origem, padrões de distribuição e mecanismo de formação são clarificados. Assim como o seu papel na evolução da crosta terrestre.

14. As causas e o mecanismo da mudança do centro de gravidade da Terra e a sua influência na mudança do eixo de rotação da Terra foram clarificados, e a natureza do desenvolvimento dos principais processos geotectónicos está relacionada com isso. Está inequivocamente estabelecido que, com a mudança da posição do eixo de rotação da Terra, há uma mudança na natureza e direção de todos os processos geotectónicos, por ordem evolutiva.

15. O papel das marés na evolução da Terra e da sua crosta é revelado. É notado que as marés e as marés, sendo um processo quotidiano, estão relacionadas com: a relação entre a Terra e a Lua, a lei da gravitação universal de Newton. As marés e as marés, como força externa, influenciam ativamente o desenvolvimento dos processos internos da Terra, incluindo as transformações de fase físicas e químicas.

16. A origem e o desenvolvimento de vários fenómenos anómalos, tais como plumas, suturas, diapires, bem como sismos de foco profundo, estão associados a: processos de fase físicos e químicos que se desenvolvem em diferentes zonas da Terra, especialmente nas suas geosferas interdiferentes.

17. As razões para a divisão da crosta terrestre em zonas estáveis e móveis foram clarificadas. É de notar que a estabilidade ou mobilidade da crosta terrestre está

intimamente relacionada com a lei da isostasia da física, porque, de acordo com a lei da isostasia, as zonas poderosas da crosta terrestre, mais profundas, assentam no manto superior, o que enfraquece o seu movimento e vice-versa. Este carácter diferencial de desenvolvimento do movimento das massas litosféricas predetermina a sua deformação e destruição, que provocam a formação de geoblocos com diferentes graus de mobilidade, que são acompanhados pela formação de falhas profundas.

18. Foi revelado: as regularidades da formação dos tipos continentais da crosta terrestre e na sua formação desempenham um papel tanto na desnudação como nos processos internos, que causam a diferenciação dos materiais primários da crosta terrestre com base em fracções leves destas diferenciações, formam-se os tipos continentais da crosta terrestre.

19. A origem dos processos vulcanoplutónicos e o seu papel na formação e modelação da formação de minério endógeno foram elucidados.

20. Foi esclarecida a regularidade do desenvolvimento dos processos de desgaseificação na evolução da Terra e o papel dos processos geotectónicos, incluindo falhas profundas, manifestações vulcânico-plutónicas e sismos.

21. São apresentadas as razões para a origem de fenómenos anómalos como astenosferas, diapiros, suturas, plumas, pontos quentes e a sua ligação com erupções vulcânicas, sismos e tsunamis, é esclarecida a natureza do desenvolvimento destes processos e são estabelecidas as regularidades da sua distribuição na crosta terrestre, bem como indicadas as formas de proteção contra eles.

22. A partir da posição do KDESC, a origem, o mecanismo de formação e as características das zonas geotectónicas globais, tais como zonas estáveis e móveis, incluindo os seus elementos constituintes - continentes, margens activas e passivas, subducção, espalhamento, zonas riftogénicas, bem como sistemas ilha-arco, etc., são clarificados, as suas características de desenvolvimento e capacidades de produção de minério são clarificadas.

23. A origem dos tubos de kimberlito, incluindo os diamantíferos, a partir da posição do conceito, está associada a condições geotectónicas especiais, que estão associadas à presença de crosta terrestre de tipo continental espessa, em cuja estrutura se encontram produtos biogénicos, incluindo o carvão. Quando nas bases destes tipos de crosta

terrestre, na ausência de falhas profundas, ocorrem transformações de fase físicas e químicas, os seus produtos não podem subir à superfície da Terra. Esta é a razão pela qual na base do tipo continental da crosta terrestre, onde são criadas condições termodinâmicas especiais. Nestas condições, há acumulações de pressão e temperatura, atingindo um ponto crítico, que estão à procura de saídas para a superfície da Terra. Criam-se movimentos forçados, produtos de transformações de fase para o topo, que são representados como fluxos de massa circulares, passagem magmática. No caminho destas massas magmáticas, um tipo especial de processos vulcanoplutónicos são criados, causando a formação de tipos genéticos complexos de formação de minério, incluindo tubos diamantíferos, explosões.

24. Foi revelado o possível papel das falhas profundas globais do tipo divergente na formação e modelação de reservatórios de petróleo e gás

campos. Isto é indicado pelo facto de as províncias mais ricas em petróleo e gás se desenvolverem nas zonas de falhas profundas globais, com carácter divergente de desenvolvimento, onde se desenvolve o poderoso tipo continental da crosta terrestre. Este facto não pode ser acidental. Isto é evidenciado pelo facto de a origem e a formação de campos de petróleo e gás estarem envolvidas em processos do manto.

25. Os deslocamentos da velocidade das massas litosféricas em relação aos meridianos da Terra têm valores diferentes em função da rotação da Terra. Por esta razão, as maiores velocidades de movimento das massas litosféricas ocorrem junto às faixas latitudinais da Terra, e à medida que a Terra se afasta do equador, a velocidade de movimento das massas litosféricas diminui e tem valores nulos nos pólos. Esta regularidade está relacionada com o facto de as massas litosféricas em movimento se localizarem perpendicularmente ao eixo de rotação da Terra. E, naturalmente, com a redução do comprimento dos raios da Terra, o comprimento dos seus círculos e, de acordo com isso, a velocidade de movimento das massas litosféricas, têm um carácter diferencial de desenvolvimento.

26. Na posição do KDESC, as margens dos mares ou margens continentais são consideradas como as zonas de junção dos continentes e oceanos, onde se localizam diferentes zonas características de alongamento e, correspondentes a elas, condições geotectónicas, cujas causas não são esclarecidas com os conceitos geodinâmicos

anteriores. O carácter de desenvolvimento destas zonas é muito diferente umas das outras e, deste ponto de vista, são designadas por margens activas e passivas. É de notar que na literatura geológica são frequentemente utilizados termos como calha avançada, margens de mares, sistemas ilha-arco, calhas retro-arco, calhas, etc. e a sua formação é explicada de diferentes formas. Sem nos determos na sua análise, notemos que, a partir da posição do conceito de dinâmica da evolução da crosta terrestre, os traços característicos destas zonas, bem como os processos geológicos que ocorreram nestes espaços, são analisados sob o aspeto genético. De um modo geral, o seu mecanismo de formação está relacionado com a atividade de movimentação das massas litosféricas. A formação destas zonas estruturais está associada à intensidade das velocidades das massas em movimento, tendo um carácter diferencial de desenvolvimento, relacionado com a potência das massas em movimento, que em geral se desenvolvem sob a influência de forças geodinâmicas.

27. Em geral, as massas litosféricas movem-se principalmente na direção leste e a velocidade do seu movimento tem um carácter diferencial de desenvolvimento. Neste sentido, ao longo da linha latitudinal e de toda a circunferência da Terra, as velocidades de movimento das massas têm valores diferentes, o que provoca a formação de diferentes zonas geotectónicas, tais como zonas estáveis (plataformas), zonas móveis, zonas delimitadoras de compressão (zonas de subducção) e de alongamento (zonas de espalhamento-riftogénicas), entre as quais se localizam margens activas e passivas, sistemas ilha-arco, mares marginais, deflexões do arco posterior, calhas, etc. Os deslocamentos das massas litosféricas ocorrem mais intensamente nas partes equatoriais da Terra, devido à redução do comprimento dos seus raios localizados perpendicularmente ao eixo de rotação.

28. As forças geodinâmicas que fazem com que as massas litosféricas se desloquem para leste são compensadas por correntes subcrustais. O mecanismo do movimento das massas litosféricas é de especial interesse. Na mastaba global, existem três direcções principais de movimento das massas litosféricas. Algumas delas são de oeste para leste, e outras são dirigidas dos pólos da Terra para o seu equador. Quando as massas litosféricas se deslocam na direção leste, as massas deslocam-se de oeste para leste, sendo compensadas à custa das massas lipoplásticas subjacentes. Este processo não afecta a forma geométrica da Terra. Este processo é compensado pelos materiais

líquido-plásticos subjacentes do manto. Quanto à compensação das massas litosféricas que se deslocam dos pólos da Terra para o seu equador, elas podem ser compensadas pelas correntes do manto a partir da posição da KDEZK.

29. A partir da posição do conceito, as zonas estáveis existentes na crosta terrestre dividem-se em duas zonas, ocidental e oriental. As zonas ocidentais das placas estáveis são caracterizadas pela compressão e as suas metades orientais são caracterizadas pelo alongamento, o que é mais consistente com a natureza do desenvolvimento das forças geodinâmicas, que predetermina a natureza do desenvolvimento das tensões na face da crosta terrestre como um todo.

O que precede permite-nos chegar à conclusão geral de que o KDEZK, criado com base em dados factuais não rejeitados e raciocínio lógico, tendo em conta as leis fundamentais da física, química e mecânica, que abrem novos horizontes para a discussão de muitas questões problemáticas da geologia, incluindo a geotectónica. As principais características deste conceito são o facto de as suas disposições estarem bem relacionadas com a natureza do desenvolvimento dos principais processos geotectónicos.

2. ORIGEM DA CROSTA PRIMÁRIA E MECANISMO DA SUA FORMAÇÃO

Anotação. Este artigo apresenta as condições de origem da crosta terrestre primária, a partir da posição do conceito de geodinâmica da evolução da crosta terrestre (CDEZC). É referido que se formaram durante a formação juntamente com a Terra, presumivelmente como resultado de acumulações (clusters) de corpos espaciais, que mais tarde, com base nestas acumulações, formaram outros tipos de crusta terrestre, diferentes da crusta primária, tanto na forma como na estrutura. Existem principalmente dois tipos de crosta terrestre, a oceânica e a continental. Os tipos oceânicos da crosta terrestre incluem a crosta primária, que se formou durante a formação da própria Terra. Com base na qual se formou o tipo continental da crosta terrestre. Podem ser primordiais ou formadas em resultado de processos de rifting.

A Terra, pela sua natureza e estrutura, é um corpo cósmico muito complexo e interessante no Sistema Solar, onde existe vida. Percorreu um longo caminho de desenvolvimento de ordem evolutiva no Sistema Solar, onde existe vida. E a sua crosta continua a ser um objeto original interessante, em termos da sua formação e 16

da natureza. Uma variedade de processos naturais, incluindo os processos geotectónicos, que são o objeto da nossa investigação, ocorreram e continuam a ocorrer no corpo da Terra.

A partir da posição do conceito de geodinâmica da evolução da crosta terrestre, a composição inicial da Terra é aceite, com base na hipótese de Kant-Laplans, como um material gasoso quente e ardente. De acordo com Kant-Laplans, este material era constituído por erupções gigantes pró-Tibernianas emitidas por Solnitz, durante os períodos iniciais da formação dos seus planetas, na zona da sua esfera de influência. No entanto, a partir da posição da KDEZK, a opinião de Kant-Laplans não está de acordo com a lei física, e os materiais envolvidos na formação dos planetas não são materiais de erupções de protuberâncias, de corpos cósmicos. Porque os materiais das erupções de protuberância, de acordo com as leis da física, não podem escapar à gravidade de Solntz e assentar na sua superfície.

É provável que o momento da formação dos planetas tenha ocorrido no lugar do sistema solar. Mais tarde, a Terra entra no período geológico da sua vida evolutiva.

Segundo a posição do KDESC, no período inicial da vida da Terra, os seus contornos geométricos eram aproximadamente esféricos, apenas inerentes à sua forma. Este facto é evidenciado pela estrutura do fundo das depressões oceânicas. Posteriormente, o desenvolvimento da Terra processou-se de acordo com as regras do mecanismo celeste regido pela Lei da Gravitação Mundial de Newton até à atualidade.

Após a formação da forma primária da Terra, começa o seu período geológico de desenvolvimento, por ordem evolutiva.

O conceito apresentado é dedicado à geodinâmica do período geológico do desenvolvimento da crosta terrestre e, naturalmente, deve cumprir as leis universais de desenvolvimento de todos os processos naturais relacionados com a sua evolução. Caso contrário, não pode ser considerado um conceito completo. Até agora, conhecemos uma circunstância em que todos os processos geotectónicos, que conhecemos hoje, estão bem relacionados com os princípios deste conceito.

A teoria apresentada da geodinâmica da evolução da crosta fornece uma resposta satisfatória a todas as questões sobre a origem e o desenvolvimento dos processos naturais, incluindo os processos geotectónicos. Tais questões problemáticas incluem as seguintes questões problemáticas, tais como: A origem da crosta terrestre e o mecanismo da sua formação.

Origem das forças geodinâmicas e regularidades da sua distribuição. Causas de desmembramento e mecanismo de formação da crosta terrestre.

Origens dos oceanos e continentes e o mecanismo da sua formação.

A origem dos processos vulcanoplutónicos, incluindo vulcões e sismos, e os seus padrões de distribuição.

Origem dos fenómenos anómalos (astenosfera, plumas, suturas, etc.) e elucidação da sua natureza.

Origem das redes globais de falhas profundas e seus padrões de distribuição.

Deslocamentos das massas litosféricas e seu mecanismo de formação.

Processos de deslocação, suas formas e variedades, incluindo o mecanismo dos processos de formação de montanhas.

Causas da origem das zonas de tensão na crosta terrestre e seu papel na evolução dos processos geotectónicos, etc.

Todos estes e outros problemas são analisados a partir da posição do KDESC, no aspeto genético. Ao mesmo tempo, são apresentados os principais esquemas de formação e a forma de formação, bem como o mecanismo de acumulação de diferentes tipos de minerais. A forma de manifestação dos processos metamórficos e o local da sua ocorrência são explicados. São elucidadas as razões para a formação de processos de espalhamento-riftogénico, subducção, margens activas e passivas, arco-ilhas, etc.

Mais pormenores sobre estes e outros problemas são apresentados noutros trabalhos (Akhverdiev, 2004), mas nestes trabalhos há muitas lacunas no aspeto genético, que podem ser preenchidas a partir da posição do KDESC.

Esta secção do artigo é dedicada à natureza do desenvolvimento da crosta primária da Terra, que são os produtos primários da crosta terrestre, com base nos quais se formaram os produtos atualmente observados da litosfera, que é o principal objeto da investigação geológica.

Em termos de composição, a crosta primária da Terra é provavelmente semelhante à da Terra, que é composta, no seu conjunto, por acumulações de material solar e de corpos cósmicos. Estes materiais consistem provavelmente numa composição diferente do material cósmico e estavam quentes aquando da sua acreção. Nesta base, julgamos o carácter diferencial da sua composição.

Apesar de tudo isto, à medida que a temperatura deste material quente descia, a água formava-se simultaneamente e constituía o balanço hídrico da Terra, que mais tarde desempenhou um papel importante no seu desenvolvimento e evolução.

Deste ponto de vista, a desnudação apenas dos produtos da crosta solidificada, juntamente com os processos internos, desempenhou um papel importante na formação das massas litosféricas como um todo, o que causou a diversidade da composição da litosfera.

Esta diversidade da litosfera, tanto na composição como na estrutura, deve-se aos processos de desnudação que se seguiram ao longo da história do desenvolvimento geológico da crosta terrestre.

A partir da posição do KDESC, supõe-se que, nos estágios iniciais da evolução da crosta terrestre, a intensidade dos processos de denudação dependia, em grande parte, da rugosidade dos contornos geométricos da Terra. Por isso, dentro dos seus limites, os processos geológicos ocorriam de forma intensa, por vezes catastrófica. Por esta razão, no período inicial do desenvolvimento da Terra, os processos de denudação têm como objetivo a peneplanização do relevo terrestre.

Isto criou condições favoráveis para o carácter evolutivo do desenvolvimento dos processos geológicos. Estes processos foram acompanhados por transformações intensivas dos produtos primários recém-formados da crosta terrestre, representados principalmente por vários materiais sedimentares, sedimentares-terrígenos, muitas vezes com combinações de complexos de rochas vulcanogénicas e vulcanogénicas-sedimentares.

A denudação, pelo seu carácter de desenvolvimento, é um processo bastante complexo. Forma-se a partir do momento em que se dá a formação do planeta Terra, tendo o início da sua existência no Sistema Solar. interligado com os corpos cósmicos circundantes, de acordo com a lei da gravitação universal de Newton, no espaço cósmico, que controlam o mecanismo de movimento de todos os corpos cósmicos do Universo, incluindo o Sol e os seus planetas.

A fase inicial do desenvolvimento da crosta terrestre é caracterizada pelo desenvolvimento intensivo de processos geológicos devido ao carácter rugoso dos contornos geométricos da superfície da Terra.

É também de salientar que os processos de arrefecimento e solidificação da crosta terrestre primária ocorrem gradualmente, por ordem evolutiva. Neste contexto, a espessura da crosta terrestre também aumenta gradualmente. A determinadas profundidades, a relação pressão-temperatura é equilibrada e, devido a estes processos, a solidificação dos constituintes da litosfera pára a determinadas profundidades. No entanto, o processo de aumento da temperatura e da pressão não pára e, mais tarde, as substâncias da crosta terrestre passam para o estado fundido a altas pressões e temperaturas e mantêm a sua forma plástica dura.

Os processos geológicos globais ocorrem simultaneamente com o aumento da potência da crosta terrestre, até à condição necessária e ao limite possível. A 19

A intensidade dos processos geológico-tectónicos é maior porque a espessura da crosta terrestre é menor e, consequentemente, a mobilidade é maior e, naturalmente, com o aumento da espessura da crosta terrestre, a atividade dos processos geológico-tectónicos diminui.

Mais tarde, durante os processos de desnudação, o papel da água é de grande importância do que o do vento e de outras correntes semelhantes, uma vez que a formação de água está aparentemente ligada à fase inicial da formação da crosta terrestre. Nesta fase do desenvolvimento da Terra, aparentemente, foram criadas condições favoráveis para a formação de condensados de água. A água foi certamente isolada da substância dos materiais cosmogénicos quentes do Akkioceno, que participaram na formação das bacias hidrográficas dos oceanos do mundo. O papel deste último na formação de formações sedimentares-terrígenos é grande. É de notar que, durante a denudação, a espuma de desnudação da superfície terrestre ocorre com a participação da água. A intensificação dos processos de denudação está relacionada com este facto.

Ao mesmo tempo, a água encheu rapidamente as fossas terrestres superficiais, ou seja, os grandes relevos negativos da Terra, sob a forma de oceanos e mares. A água na primeira fase da formação da Terra teve um duplo significado. Por um lado, desempenhou um papel na formação da forma da Terra, ou seja, na obtenção da sua forma esférica, e, por outro lado, participou ativamente nos processos de desnudação. Todos os processos globais acima mencionados são característicos das fases iniciais do desenvolvimento da Terra. Além disso, o desenvolvimento dos processos geológicos na Terra e na sua crosta ocorre de forma relativamente fraca, o que é caraterístico dos corpos espaciais esféricos e, a este respeito, a intensidade dos processos geológicos na crosta terrestre diminui.

Após a formação da forma da Terra, a sua crosta desenvolve-se sob a influência de forças geodinâmicas características apenas da Terra propriamente dita, cujas particularidades são delineadas e analisadas em muitos trabalhos (2,3,4,7).

Assim, de acordo com o conceito apresentado, quando a solidificação atinge a condição necessária, ou seja, a formação da crosta sólida, a primeira fase da formação da crosta terrestre primária está concluída. A partir deste momento inicia-se a fase geológica do desenvolvimento da Terra. No entanto, a solidificação ocorre de forma desigual. Neste sentido, as suas capacidades têm um carácter diferencial de desenvolvimento.

Ao mesmo tempo, ocorre uma estratificação no interior da Terra, causando a formação de diferentes densidades de geosfera. Além disso, sob a influência de forças geodinâmicas, as massas deslocam-se entre estas geosferas, dando origem a fenómenos anómalos e a outros processos geotectónicos que predeterminam a evolução futura da crosta terrestre.

A crosta terrestre, após a sua formação como um grande componente da camada exterior da Terra, passou por um longo caminho de desenvolvimento, baseado no tipo de crosta oceânica primária. Durante este tempo, a crosta primária desenvolveu-se numa variedade de condições geotectónicas, que subsequentemente causaram alterações no seu carácter de desenvolvimento e estrutura, tanto externa como internamente, conduzindo às formas actuais.

3. DIVISÃO DA CROSTA TERRESTRE NUMA PERSPECTIVA CDASQ

Anotação. Neste artigo, a partir da posição do conceito de geodinâmica da evolução da crosta terrestre (CDEZC), apresenta-se que a crosta terrestre está dividida em zonas estáveis e zonas móveis. E também são explicadas as condições geotectónicas da sua formação, que ocorrem como resultado de processos de deslocação, ocorrendo sob a influência de forças geodinâmicas associadas à rotação da Terra. Basicamente, existem dois tipos genéticos principais da crosta terrestre - continental e oceânica, que diferem nitidamente entre si, tanto na forma de formação como na estrutura. Entre eles distinguem-se zonas de transição activas e passivas, tais como sistemas ilha-arco, margens de mares, taludes continentais e outros.

A crosta terrestre, após a sua formação como componente principal da envolvente exterior da Terra, percorreu um longo caminho de desenvolvimento com base no tipo oceânico primário da crosta terrestre. A crosta terrestre primária desenvolveu-se numa variedade de contextos geotectónicos diferentes e complexos. Mais tarde, estas configurações geotectónicas complexas determinaram a mudança no carácter da história do desenvolvimento da crosta terrestre e da sua estrutura, tanto externa como internamente. Assim, formaram-se os mais diversos tipos de crosta terrestre, de categoria inferior, exigindo a sua dissecação, a que se dedica este artigo.

No período inicial do seu desenvolvimento, a crosta terrestre formou-se de forma monótona e gradual na ordem evolutiva e dividiu-se em diferentes geoblocos característicos que, nos primeiros períodos do seu desenvolvimento, pouco diferiam uns dos outros. Mais tarde, essas diferenças tornaram-se mais visíveis. Formaram-se diferentes tipos de crosta e, neste contexto, observa-se um tipo diferente de crosta terrestre. No entanto, atualmente, os especialistas distinguem principalmente dois tipos diferentes de crosta terrestre - zonas estáveis e zonas móveis. Esta divisão baseia-se nas características físicas e mecânicas da crosta terrestre.

As zonas estáveis diferem das zonas móveis pela sua estabilidade, onde a intensidade dos principais processos geotectónicos é visivelmente mais fraca. Nestas zonas quase não há atividade vulcânica e os processos sísmicos são fracos. No entanto, os processos observados nas zonas móveis são activos, por vezes catastróficos.

Todas estas diferenças existentes entre zonas estáveis e móveis eram conhecidas anteriormente e as suas razões foram explicadas de diferentes pontos de vista. E a partir da posição do KDESC, as diferenças notadas existentes entre as zonas estáveis e móveis são explicadas, no aspeto genético, tendo em conta as suas condições geotectónicas de formação, bem como os mecanismos de formação e de formação.

Dentro destes dois tipos genéticos da crosta terrestre, observam-se tipos de crosta bastante diversos, que diferem entre si tanto na composição material como nas características dinâmicas. Os blocos separados da crosta terrestre diferem pouco uns dos outros na composição material. No entanto, em termos de características dinâmicas, os geoblocos têm características muito diferentes, que estão relacionadas com o seu desenvolvimento dinâmico. A partir da posição do KDESC, a diversidade dinâmica dos geoblocos é predeterminada pelo desenvolvimento das forças geodinâmicas, que também são distribuídas de forma desigual na face da Terra, o que está associado às características dinâmicas dos geoblocos.

A partir da posição do último fator mencionado, as características dinâmicas dos geoblocos individuais são predeterminadas pela sua localização, ou seja, onde os geoblocos estão localizados, em que condições geodinâmicas, é caracterizado diretamente pela natureza do desenvolvimento das forças geodinâmicas.

O KDEZK é construído com base na rotação da Terra em torno do seu eixo. Nesta teoria, a formação e a evolução dos processos geotectónicos são caracterizadas pelo princípio genético. De acordo com este conceito, as forças motrizes de todos os processos geotectónicos estão ligadas às forças geodinâmicas, cuja formação está associada à rotação da Terra. É notado e provado que a crosta terrestre primária, pelo seu carácter e estrutura, estava próxima do tipo oceânico da crosta terrestre, e o tipo continental da crosta terrestre era o seu derivado e o mecanismo da sua formação é perfeitamente explicado a partir da posição deste conceito. No futuro, a crosta terrestre primária foi sujeita a várias transformações, em resultado das quais a crosta terrestre recebeu as formas e estruturas actuais que se observam hoje.

Como já foi referido, a crosta terrestre primária era monótona, tanto na estrutura como na composição do material. E, em termos de composição, estava próxima da composição do separado das erupções protuberenzov. Estas substâncias de origem solar sofreram uma transformação intensiva, tanto na composição como na estrutura. Como resultado, formou-se a crosta terrestre primária, que foi dividida em diferentes tipos genéticos. Estes tipos de crosta terrestre diferem muito das suas raízes originais. A sua composição material, forma e estrutura, bem como o seu aspeto exterior e outras características mudaram. Aqui notamos que o tipo oceânico da crosta terrestre pode ser formado em todas as fases da história do desenvolvimento da crosta terrestre, que assim como a crosta terrestre primária, nas fases subsequentes da evolução da crosta terrestre, foram submetidos a transformações, o que corresponde aos princípios do conceito proposto.

O tipo oceânico da crosta terrestre foi o tipo primordial, que se formou nas primeiras fases do seu desenvolvimento. Com base neste tipo de crosta terrestre, formaram-se posteriormente outros tipos de crosta terrestre (1,3).

Não é nossa tarefa estudar em pormenor os tipos genéticos individuais da crosta terrestre. A crosta terrestre é a fonte de todos os tipos de minerais. Por isso, é estudada periodicamente e de forma abrangente em todas as regiões do mundo. A nossa tarefa é dar características gerais da divisão da crosta no aspeto genético apenas na perspetiva do KDESC.

Do ponto de vista do conceito, a crosta terrestre é constituída principalmente por dois tipos genéticos, o primário e os seus derivados.

O primeiro tipo inclui a forma primordial da sua manifestação. Em termos de composição, a crosta primária está próxima da composição da Terra, que consiste, no seu conjunto, em acumulações de material solar extraído do Sol durante erupções de proeminências gigantes, tendo, muito provavelmente, um carácter diferencial de desenvolvimento na sua composição. Estes materiais provavelmente irromperam de diferentes camadas do Sol e, com base nisso, julgamos o carácter diferencial da sua composição. No entanto, com toda a probabilidade, a composição da crosta primária era de composição básica ou próxima dela, o que é consistente com o princípio KDEZK.

É difícil imaginar que possa ser encontrado na sua forma primitiva. No entanto, a descoberta das suas relíquias é uma questão real. Elas estão distribuídas por todas as regiões do mundo sob forma retrabalhada, sob a forma de blocos separados, terranos e outros tipos de aglomerados ou forma desarticulada, pelo que a sua deteção é possível e legítima.

O segundo tipo inclui derivados do primeiro tipo, que são os tipos mais difundidos da crosta terrestre, que também se divide principalmente em dois tipos genéticos - continental e oceânico. Destes, o primeiro, o tipo continental, difere acentuadamente dos outros, tanto na estrutura e na idade, como na composição do material e noutras características.

Estes tipos de crosta terrestre formaram-se em diferentes condições geotectónicas, bem como em diferentes períodos de desenvolvimento da crosta terrestre. Por isso, são extremamente diversificados, o que está associado à complexidade do seu desenvolvimento e condições de formação. A este respeito, em cada região da Terra, os tipos de crusta caracterizados são geralmente diferentes uns dos outros, o que é considerado um fenómeno natural na evolução da crusta terrestre.

Quanto à formação do tipo oceânico da crosta terrestre, também podem ser formados em diferentes condições geotectónicas. O tipo oceânico da crosta terrestre difere do tipo continental pela sua estrutura simples e baixa espessura.

A sua idade pode também abranger toda a história da crosta terrestre ou as suas últimas fases de desenvolvimento, o que é um fenómeno natural. Uma vez que se formam e se renovam ao longo da história do desenvolvimento da crosta terrestre. Para além dos tipos caracterizados, existem outros tipos de crusta, incluindo os tipos subcontinentais e suboceânicos.

Os dois últimos são tipos genéticos intermédios. Situam-se entre os tipos de crusta oceânica e continental, ou seja, estão em fase de formação...

A literatura geológica contém dados inesgotáveis sobre a caraterização e a descrição do tipo de crosta terrestre. As suas características físicas e químicas foram discutidas com diferentes técnicas metodológicas, o complexo das suas rochas constituintes, as suas propriedades físicas, estruturas, composições químicas e mineralógicas e muitas outras características foram determinadas e estudadas. No entanto, o seu mecanismo de formação no aspeto genético, bem como o seu papel no desenvolvimento das forças geodinâmicas, com o qual a sua formação e evolução posterior estão ligadas.

O tipo oceânico da crosta terrestre é primário a partir da posição KDESC. No entanto, este tipo de crosta terrestre foi formado durante a formação da própria Terra, bem como nas suas fases subsequentes de desenvolvimento.

Os tipos oceânicos mais antigos da crosta terrestre formaram-se na localização atual da Terra (Akhverdiev,2004), onde se deu a formação e acumulação de substâncias que participaram na formação do nosso planeta.

Isto ocorreu nas fases iniciais da formação dos planetas do sistema solar. Portanto, não há produtos de denudação na estrutura do tipo oceânico da crosta terrestre, ou seja, produtos transformados, incluindo transformações sedimentares, sedimentares-terrígenos e metamórficas.

Por conseguinte, podemos afirmar com segurança que a estrutura do tipo oceânico da crosta terrestre envolveu principalmente complexos de rochas de composição básica, representados por rochas de composição básica, formações de basalto-gabro-piroxenito-piroxenito-dunito, não diferenciadas ou fracamente diferenciadas.

Quanto à composição do tipo continental da crosta terrestre, a sua formação pode envolver toda a gama de complexos rochosos atualmente conhecidos na literatura geológica, incluindo todas as variedades de rochas ígneas, sedimentares e sedimentares-terrígenos com uma combinação de complexos de rochas metamórficas transformadas.

As condições de formação dos tipos genéticos mencionados de rochas da crosta terrestre, que fazem parte de diferentes tipos genéticos, não é necessário debruçar-se sobre elas em pormenor. É suficiente notar que toda a literatura geológica disponível é dedicada à descrição destes complexos de rochas, que são componentes da crosta terrestre.

Assim, o que precede está claramente ligado aos princípios da teoria geodinâmica da evolução da crosta. A totalidade da crosta terrestre é constituída por tipos de crosta oceânica e continental.

Para além destas, existem outras variedades - os tipos suboceânico e subcontinental da crosta terrestre, que se situam entre os tipos oceânico e continental da crosta terrestre.

Além disso, o tipo oceânico da crosta terrestre formou-se em todas as fases da evolução da crosta terrestre. Foram posteriormente sujeitos a transformações, constituindo uma base sólida a partir da qual se formaram os tipos continentais da crosta terrestre.

4. ORIGEM DAS FORÇAS GEODINÂMICAS E SEU SIGNIFICADO NA EVOLUÇÃO DA CROSTA TERRESTRE

Anotação. Este artigo elucida a origem das forças geodinâmicas da Terra e o seu papel na evolução da crosta terrestre. É notado e provado que as forças geodinâmicas são as forças motrizes de todos os processos geotectónicos. Os principais processos geotectónicos, incluindo a origem da astenosfera, as erupções vulcânicas, os sismos, os processos vulcano-plutónicos, as falhas profundas, a formação de montanhas, etc., ocorrem sob a influência destas forças geodinâmicas. Estes processos geotectónicos globais têm um significado predeterminante na evolução da crosta terrestre.

O conceito apresentado de geodinâmica da evolução da crosta terrestre (CDEZK) baseia-se na rotação da Terra. Os conceitos anteriores sobre geotectónica não são capazes de esclarecer as causas da origem de muitos processos geológicos. Incluindo a origem dos processos vulcanotectónicos e os seus padrões de distribuição; a origem dos processos de deslocação; a origem das falhas profundas globais; a origem das zonas convergentes e divergentes, bem como das estruturas de joelho localizadas nestas zonas; as causas das erupções vulcânicas e dos sismos; o mecanismo de movimento das massas litosféricas e muitos outros problemas globais.

Todas estas lacunas, talvez, só se completem com a aplicação da influência das forças geodinâmicas associadas à rotação da Terra na formação dos processos geológicos. O papel dos processos geológicos na evolução da Terra 28

do córtex, é geralmente conhecido. No entanto, as origens destes processos, com o que estão relacionados, são elucidadas a partir da posição do KDESC.

Na posição do KDESC, as forças geodinâmicas são as principais forças motrizes de todos os processos naturais, incluindo os geotectónicos.

Desempenham um papel importante na origem das zonas astenosféricas, que determinam a origem de numerosos processos geológicos, incluindo vulcano-plutónicos, sismos, deslocação de massas litosféricas, formação de sistemas de dobragem de montanhas, bem como a origem e formação dos principais tipos de minerais.

A Terra, após a sua formação final na esfera de influência do Sol, tem estado na sua localização atual como um planeta do Sol. E a sua vida externa está intimamente relacionada com o Sol e outros corpos celestes, principalmente localizados na esfera de influência do Sol, e também tem uma relação diária com o seu satélite Lua. Além disso, a vida interna da Terra, incluindo os processos geotectónicos, que estão intimamente relacionados com a sua rotação em torno do seu eixo e com o que, a origem e os padrões de distribuição das forças geodinâmicas estão ligados. E com estas forças estão associadas a formação e o desenvolvimento dos processos geotectónicos.

De facto, as forças motrizes de todos os processos geotectónicos são forças geodinâmicas, com as quais a origem e as manifestações dos principais fenómenos naturais, incluindo os geotectónicos, estão ligadas, pode considerar-se provado.

A consideração das forças geodinâmicas é exposta com sucesso no desenvolvimento do conceito de geodinâmica da evolução da crosta terrestre (CDEZK), de forma a esclarecer as verdadeiras causas de muitos fenómenos naturais. A existência e a origem destas forças geodinâmicas, utilizadas na construção do conceito de "Geodinâmica da evolução da crosta terrestre", teve a sua origem associada à rotação da Terra. Com a rotação da Terra, formam-se três direcções principais de forças geodinâmicas. Algumas delas são dirigidas de oeste para leste, e outras dos pólos da Terra para o seu equador. Além disso, a partir da relação destas forças são criadas outras direcções de forças geodinâmicas, de carácter tangencial de desenvolvimento, que afectam ativamente o desenvolvimento da crosta terrestre.

De facto, as forças motrizes de todos os processos geológicos e tectónicos são forças geodinâmicas. Especialmente a formação e a formação de todas as zonas de tensão de falhas profundas, incluindo redes globais de falhas profundas. Tais como estruturas globais de falhas profundas, deslocações de massas litosféricas, formação de zonas divergentes e convergentes, processos de deslocação entre a geosfera da Terra.

A deslocação das massas litosféricas, incluindo a crosta terrestre, ocorre sob a influência de forças geodinâmicas. O mecanismo de deslocação das massas litosféricas, o seu desmembramento em partes constituintes, bem como o seu papel na formação e propagação de falhas profundas globais, e o seu desmembramento ocorrem sob a influência de forças geodinâmicas. Isto significa que todos os processos geotectónicos, incluindo as manifestações de erupções vulcânicas, terramotos, desmembramento da crosta terrestre e o desenvolvimento de muitos outros processos naturais, incluindo a acumulação e desmembramento de geoblocos individuais da crosta terrestre; a formação de fenómenos anómalos; sistemas de dobras de montanhas; sistemas ilha-arco; zonas de subducção, espalhamento e fissura, etc., são processos geotectónicos.

Além disso, todas as transformações metamórficas de rochas formadas em diferentes contextos geotectónicos estão também relacionadas com o desenvolvimento de forças geodinâmicas.

As forças geodinâmicas são mais activas nas faixas equatoriais da Terra. As manifestações destas forças, à medida que a Terra se afasta do equador, devido à redução do seu comprimento nas proximidades dos pólos, a sua atividade também diminui e tem valor zero nos pólos.

Esta circunstância explica-se pelo facto de, durante a rotação da Terra em torno do seu eixo, o movimento das massas ocorrer, em conjunto, sob a influência de forças geodinâmicas, que se desenvolvem principalmente de oeste para leste. Nesta altura, os raios de rotação das massas nas faixas equatoriais da Terra têm os valores mais elevados. Isto deve-se ao facto de os raios de rotação das massas em movimento estarem localizados perpendicularmente ao eixo de rotação da Terra. Portanto, à medida que nos afastamos do equador para os pólos, os comprimentos dos raios da Terra diminuem e, em conexão com isso, naturalmente, a taxa de deslocamento das massas litosféricas diminui e, de acordo com isso, a intensidade dos processos geológicos e tectónicos diminui.

Por conseguinte, os representantes mais marcantes dos processos geológico-tectónicos, como as manifestações de vulcões e terramotos, estão ausentes ou são insignificantes nos pólos da Terra.

É necessário notar que a idade das rochas vulcanogénicas atualmente descobertas nos pólos da Terra é antiga e que estas rochas se formaram em zonas remotas dos pólos da Terra. E depois, devido à mudança do eixo de rotação da Terra, deslocaram-se para uma zona de pólos, para uma localização moderna.

Assim, os factos e argumentos acima referidos mostram inequivocamente que, nas reconstruções paleotectónicas, é extremamente necessário ter em conta o papel das forças geodinâmicas. Esta necessidade está relacionada com o facto de que, com a mudança do eixo de rotação da Terra, o carácter de desenvolvimento e a direção das forças geodinâmicas mudam, com as quais a direção e o desenvolvimento de todos os processos geotectónicos estão relacionados.

Para explicar a origem e o desenvolvimento de fenómenos anómalos, o papel das forças geodinâmicas é particularmente importante, devido ao facto de os principais tipos de minerais endógenos estarem intimamente relacionados com estes fenómenos anómalos. Basta referir apenas um facto: a formação e a constituição de todos, sem exceção, os depósitos de minérios endógenos estão principalmente associadas a processos vulcânico-plutónicos, cujas fontes são a astenosfera e o manto superior, onde se verifica uma descompactação da matéria intergeosférica.

Segundo a posição do KDZK, a origem da astenosfera está intimamente relacionada com a rotação da Terra e é causada por deslocações intergeosféricas, às quais estão associadas transformações de fase físico-químicas. Estas últimas estão ativamente envolvidas na formação da astenosfera. A astenosfera desempenha um papel extremamente importante na evolução da crosta terrestre. Apesar do facto de ser um derivado que se formou com base em geosferas vizinhas.

A astenosfera, juntamente com o manto, é uma fonte de nutrição para as manifestações vulcânico-plutónicas. Além disso, está ativamente envolvida na formação e formação de redes globais de descontinuidades, que desempenham um papel ativo na normalização da vida interna da Terra. Também está ativamente envolvido na formação e formação de vários tipos genéticos de sistemas de dobras de montanha.

E, por sua vez, os processos vulcanotectónicos são alimentados a partir do manto, além disso, nos locais do manto superior onde se encontram falhas profundas. Ao longo destas falhas profundas no manto superior, devido a uma queda brusca de pressão, as transformações de fase físicas e químicas reavivam-se. Saem dos limites do regime estacionário e provocam a manifestação de processos vulcânico-plutónicos. Como resultado da atividade destes processos, os produtos magmáticos são libertados do manto, o que é acompanhado pela libertação da sua substância gás-fluido, que é importante na separação e acumulação dos componentes do minério, na formação de depósitos minerais. Estes produtos magmáticos de transformações de fase físicas e químicas ao longo de falhas profundas entram na litosfera e provocam o desenvolvimento de processos de diferenciação, assimilação e contaminação e associados à libertação de produtos gás-líquido, que, no futuro, participam ativamente na acumulação de componentes de minério que provocam a formação de certos tipos genéticos endógenos de depósitos minerais.

Estes produtos, sob processos geodinâmicos activos, sobem no espaço da litosfera. Os produtos magmáticos ascendentes e os seus derivados gás-líquido, no seu percurso, são acompanhados por processos de assimilação, contaminação e diferenciação, que provocam a formação e a formação de depósitos de minério endógenos. Como resultado destes processos, vários componentes do minério acumulam-se na crosta terrestre. Posteriormente, estes produtos acumulados participam na formação de depósitos minerais.

As forças geodinâmicas desempenham um papel extremamente importante na deslocação das massas litosféricas.

A deslocação das massas litosféricas, incluindo a crosta terrestre, ocorre sob a influência de forças geodinâmicas. O mecanismo de deslocação das massas litosféricas, o seu desmembramento em partes constituintes, bem como o seu papel na formação e propagação de falhas profundas globais, e o seu desmembramento ocorrem sob a influência de forças geodinâmicas. Isto significa que todos os processos geotectónicos, incluindo as manifestações de vulcões, terramotos, o desmembramento da crosta terrestre e a distribuição regular de muitos processos naturais, incluindo processos vulcânicos e terramotos, estão associados a forças geodinâmicas.

Resumindo o que foi dito acima, chegamos à conclusão de que o papel das forças geodinâmicas na evolução da crosta terrestre é enorme, estas forças criativas estão ativamente envolvidas em todos os processos geotectónicos que ocorreram em todas as esferas da Terra, a verdade disto não requer qualquer prova.

5. ORIGEM DAS FALHAS GUBINAS E SUA CLASSIFICAÇÃO

Anotação. Neste trabalho esclarece-se a origem e a regularidade da distribuição das redes mundiais de falhas profundas, bem como a sua importância na formação dos processos geológicos, incluindo os processos vulcânico-plutónicos, metamórficos e a formação de minérios que lhes estão associados. São apresentados os seus padrões de distribuição na face da Terra. Esclarecem-se os seus traços característicos a partir da posição do conceito-dinâmica da evolução da crosta terrestre (CDEZK). Identificam-se e caracterizam-se os principais tipos genéticos de falhas profundas e clarifica-se o seu significado na evolução da crosta terrestre e na formação de minérios

A crosta terrestre contém uma variedade de falhas profundas de diferentes tipos genéticos e idades, cujo estudo é de grande importância científica e prática. Numerosos trabalhos científicos são dedicados ao estudo destas falhas.

No entanto, não se pode dizer que todos os problemas relacionados com as falhas profundas tenham sido resolvidos de forma inequívoca. Existem numerosos trabalhos científicos dedicados a questões específicas de falhas profundas, onde são estudados muitos aspectos das falhas profundas. Entre eles, foram estudadas e descritas em pormenor numerosas falhas profundas que se desenvolveram amplamente em diferentes regiões do mundo. São descritas as suas capacidades de controlo de minérios, com exemplos de várias zonas estruturais-faciais do mundo, incluindo o Cáucaso, os Urais, 33

Ásia Central e outras regiões.

No entanto, na literatura geológica não existem ideias geralmente aceites e generalizações correspondentes sobre a origem e os padrões de distribuição das falhas profundas globais, bem como sobre a sua origem e padrões de distribuição no aspeto genético. Isto deve-se à falta de generalizações teóricas de problemas relacionados, uma vez que as causas da origem, bem como as condições globais e regionais-locais da formação de falhas profundas não foram estabelecidas de forma inequívoca.

O conceito KDEZK, ao contrário das teorias e conceitos anteriores, permite esclarecer muitas questões problemáticas da geologia, incluindo as verdadeiras causas da origem das falhas profundas e as regularidades da sua distribuição no aspeto genético.

O conceito apresentado é criado tendo em conta a rotação da Terra, à qual não foi dada a devida atenção na construção das anteriores construções teóricas. Por conseguinte, as teorias e os conceitos anteriores não permitem introduzir clareza na resolução de muitas questões problemáticas, que foram objeto de debates animados entre especialistas.

Esses problemas podem incluir problemas como as causas do movimento das massas litosféricas; a origem da astenosfera; problemas da origem das redes de falhas profundas e seus padrões de distribuição e o caminho da sua evolução; processos metamórficos; a formação de regularidades da localização de depósitos minerais e muitas outras questões de geotectónica teórica.

Nesta secção, com base na teoria proposta, são apresentadas as características genéticas gerais de uma série de processos geológicos.

Estes problemas incluem o problema da origem das falhas profundas globais e as regularidades da sua distribuição no espaço da litosfera, bem como a sua classificação genética.

Segundo a posição do KDESC, todas as forças motrizes dos processos geológicos estão geneticamente ligadas à rotação da Terra. Como indicado acima, na rotação da Terra nascem forças geodinâmicas que condicionam a formação e as condições de formação dos processos geológicos, incluindo o movimento das massas litosféricas.

As massas litosféricas, sob a influência das forças geodinâmicas, movem-se de oeste para leste e dos pólos da Terra para o seu equador. No entanto, as forças tangenciais, nascidas das inter-relações das forças geodinâmicas acima referidas, complicam mais uma vez o carácter do movimento das massas litosféricas, bem como o carácter da sua direccionalidade. Além disso, devido ao facto de a espessura da crosta terrestre sólida não ser igual, isto determina o carácter diferencial das velocidades de movimento das massas litosféricas, que está associado à deformação e destruição da crosta terrestre, acompanhada pela formação de falhas profundas.

As massas litosféricas da posição KDESC deslocam-se por todo o lado de forma escalonada.

Entre estes escalões de massas litosféricas, ocorrem vários deslocamentos, provocando a formação de falhas profundas de transformação com características diferentes.

Ao mesmo tempo, com o movimento das massas litosféricas, está também associada a formação de geoblocos com diferentes características e hierarquias. Deve-se notar aqui que a divisão da crosta terrestre em geoblocos, a partir da posição do KDESC, está relacionada com os seus contornos geométricos, a espessura da crosta e a natureza dos seus movimentos.

Durante a rotação da Terra, formam-se forças geodinâmicas, que causam a formação e formação de diferentes zonas características de divergência e convergência, localizadas na direção do meridiano. Eles nascem durante o movimento das massas litosféricas.

Normalmente, estas zonas de divergência e de convergência da Terra formam-se de forma alternada. São traçadas em direcções submeridianas. Estas zonas de tensão são caracterizadas pela formação e formação de vários tipos genéticos de falhas profundas. Nas zonas das suas junções com falhas de transformação, em regra, desenvolvem-se estruturas de joelho. A formação e a formação de estruturas de joelho ocorrem em paralelo com os processos de formação de zonas divergentes e convergentes, que ocorrem simultaneamente com falhas de transformação localizadas subperpendicularmente umas às outras. Estes processos provocam conjuntamente a formação e a formação de estruturas de joelho. O esclarecimento das razões para a formação destas estruturas de joelho tornou-se possível a partir da posição do KDESC.

A formação dos contornos geométricos destas estruturas depende de muitos factores. Os principais são a sua localização e a velocidade de deslocação das massas litosféricas. Quando se localizam perto do equador, as suas dimensões aumentam e à medida que se afastam do equador para os pólos, diminuem. O contorno da geometria das estruturas em manivela muda em função da natureza das massas deslocadas, sendo que a própria deslocação ocorre sob o controlo de forças geodinâmicas. O ângulo entre as zonas divergentes das falhas de transformação também diminui à medida que se desloca do equador para os pólos.

Os contornos da geometria das estruturas em manivela alteram-se em função da natureza das massas deslocadas. A própria deslocação ocorre sob o controlo de forças geodinâmicas. O ângulo entre as zonas divergentes das falhas de transformação, à medida que nos deslocamos do equador para os pólos, também diminui.

Outro fator importante que influencia a formação de estruturas de crânios é a velocidade de movimento das massas litosféricas, em que à medida que a velocidade de movimento das massas litosféricas aumenta, os joelhos das estruturas de crânios aumentam, o que é um fenómeno normal e consistente com os princípios do conceito.

Tudo isto permite-nos criar uma classificação das falhas profundas no aspeto genético com base nos princípios KDESC.

A classificação das falhas profundas foi abordada nos trabalhos anteriores de forma fragmentária. Anteriormente, estas classificações foram construídas com base no exemplo de zonas estruturais-formais individuais ou no exemplo de regiões individuais do mundo. Este facto deve-se, sem dúvida, à ausência de uma classificação generalizada das falhas profundas. Devido ao facto de não haver um conceito de evolução da crosta terrestre que pudesse resolver os problemas básicos da geotectónica teórica. Por conseguinte, os conceitos existentes não podiam resolver muitos problemas da tectónica global, incluindo a classificação das falhas profundas.

Nos trabalhos geológicos existem numerosos dados que descrevem tipos genéticos extremamente diversos de falhas profundas, na sua maioria de carácter descritivo. Não existem trabalhos sobre falhas profundas que possam explicar as causas de formação e formação de certas falhas profundas no aspeto genético, o que constitui uma lacuna grave na geotectónica teórica. Esperamos que esta lacuna seja preenchida pela classificação criada, a partir da posição da KDEZK.

Todas as falhas profundas foram formadas na base da crosta terrestre, sob a influência de forças geodinâmicas. Nasceram das inter-relações de entidades naturais, tanto de carácter natural como dinâmico de desenvolvimento. As principais destas forças geodinâmicas são as forças que provocam deslocações das massas litosféricas e as forças que estão associadas à divisão da crosta terrestre em zonas estáveis e móveis.

Tendo em conta o que precede, as falhas profundas são classificadas de acordo com o seguinte aspeto genético. Cada tipo genético tem um significado genético específico. Na perspetiva do KDESC, estas falhas profundas são agrupadas da seguinte forma:

Distinguem-se três grupos de falhas profundas por classificação: globais, regionais e locais.

As falhas profundas globais são as falhas profundas que têm um carácter de desenvolvimento através do manto e fazem parte de redes de falhas globais que cobrem todo o globo. São as maiores falhas, com centenas e vários milhares de quilómetros de comprimento e grande largura.

Estas falhas profundas delimitam essencialmente grandes geoblocos estáveis da crosta terrestre, bem como diversos geoblocos, incluindo tipos de crosta estáveis e móveis.

Todas as principais estruturas crustais, incluindo zonas de expansão, subducção e rifting, bem como as suas redes de falhas de ligação e outros complexos nodais de falhas de tipo descontínuo são componentes de falhas profundas globais. Todas elas, em conjunto, fazem parte das redes globais de falhas da Terra. As falhas profundas globais caracterizadas são, na perspetiva do KDESC, sem exceção, falhas através do manto.

Em termos de classificação, o segundo grupo de falhas profundas inclui as falhas profundas regionais, que, ao contrário das falhas globais, se distribuem principalmente entre geoblocos continentais estáveis, onde delimitam grandes geoblocos que se formaram em diferentes períodos geológicos do desenvolvimento da crosta terrestre.

Estes grupos de falhas regionais estão igualmente presentes nas zonas móveis. Os seus comprimentos podem atingir os mil quilómetros ou mais, e as suas larguras nas zonas móveis atingem dezenas de quilómetros, e nas zonas estáveis, cerca de duas vezes menos. Este grupo inclui também grandes falhas profundas de tipo colisional. As partes principais destas falhas, especialmente as localizadas em regiões estáveis, que estão agora cicatrizadas e os seus halos de distribuição são potencialmente portadores de minério.

O terceiro grupo de falhas profundas é o mais difundido. Inclui todas as falhas profundas pouco profundas com distribuição local, que essencialmente incluem componentes de um conjunto maior de falhas profundas que estão geneticamente relacionadas com conjuntos maiores de falhas profundas.

O que precede caracteriza as falhas profundas por categoria, que são separadas, apenas condicionalmente.

Além disso, a partir da posição do KDESC, é apresentada a caraterização genética das falhas profundas. De acordo com as características genéticas, as falhas profundas são divididas em quatro tipos genéticos, que diferem entre si, tanto nas características genéticas como na forma de distribuição, bem como nos padrões de distribuição:

1. Falhas de profundidade divergentes.
2. Falhas profundas convergentes.
3. Transformar falhas de profundidade.
4. Falhas profundas por colisão.

As falhas profundas divergentes são os tipos genéticos mais comuns de falhas profundas que abrangem toda a zona de extensão da crosta.

A formação e o mecanismo do movimento da massa litosférica estão relacionados com as forças geodinâmicas da Terra e são acompanhados pela formação de vários tipos genéticos de falhas profundas. Sob a influência dessas forças, toda a crosta terrestre sofre deslocamentos na direção leste, bem como dos pólos da Terra para o seu equador.

A crosta terrestre, de acordo com as leis da isostasia, afunda-se de forma diferente consoante a sua espessura no manto superior. A crosta de grande espessura penetra mais profundamente no manto do que a crosta de pequena espessura. Em ligação com isto, a crosta torna-se mais estável, o que reduz a velocidade do seu movimento no manto superior, e a crosta de menor espessura, pelo contrário, tem uma velocidade de movimento relativamente elevada, o que predetermina o carácter diferencial do movimento das massas litosféricas na superfície do manto superior, bem como a sua deformação. Estes últimos processos estão associados à origem e formação de falhas profundas, bem como às regularidades da sua propagação no espaço.

Por sua vez, o carácter diferencial do movimento das massas litosféricas provoca um quadro de tensões complexo, que está associado à formação de zonas de compressão e de tensão na direção submeridiana, que alternam entre si nas zonas de tensão nas direcções suvshirot.

As zonas divergentes, dentro da crosta terrestre, manifestam-se como zonas de espalhamento ou de rifting (Fig.29,31,32, 36).

Como se pode ver na figura, as estruturas de espalhamento correspondem a zonas de alongamento, que são representadas por falhas globais de super-ranqueamento. Em regra, são traçadas na direção submeridiana. Isto é claramente visível nos mapas morfo-estruturais dos fundos das bacias dos oceanos Atlântico, Pacífico e Índico (ver Atlas dos Oceanos), onde estas estruturas localizadas submeridianamente são intersectadas em todo o lado por falhas de transformação, que por sua vez alternam entre si na direção meridiana. São amplamente desenvolvidas nas faixas equatoriais da Terra, perfeitamente observáveis no interior das bacias oceânicas. Estes elementos estruturais estão também desenvolvidos nos continentes, mas o seu aspeto estrutural - atualmente observado nas bacias oceânicas - foi destruído por processos de desnudação e só pode ser estabelecido com base em estudos geológicos, utilizando os métodos de paleoreconstrução.

As falhas convergentes também se desenvolvem em direcções submeridianas e localizam-se paralelamente às falhas divergentes e, ao contrário das falhas divergentes, estão geneticamente relacionadas com as zonas de compressão. Estas falhas genéticas distribuem-se principalmente em zonas de subducção e estão associadas a processos de subducção.

As falhas divergentes e convergentes de tipo genético intersectam com as falhas transformantes, estas últimas desenvolvendo-se em direcções submeridianas, que se localizam subperpendiculares às divergentes e convergentes. As falhas transformantes têm como caraterística o facto de algumas delas, sendo falhas globais de primeira ordem, poderem ser traçadas com vários milhares de quilómetros de comprimento e serem claramente observadas nos leitos oceânicos.

As maiores estendem-se desde os limites de um continente até aos limites de outro, e muitas vezes penetram nos continentes.

Entre as falhas profundas descritas existem dezenas de falhas profundas. As falhas comparativamente pouco profundas do tipo transformado correspondem ao tipo regional por categoria. A sua caraterística é o facto de as manifestações vulcânicas serem fracas ou inexistentes.

O carácter tortuoso do alastramento das zonas de alastramento, ou seja, das falhas profundas divergentes, forma-se sob a influência ativa de falhas transformadas que, dependendo do carácter das velocidades das massas litosféricas em movimento, têm um carácter tortuoso de desenvolvimento, em que a velocidade de deslocamento ao longo das zonas de alastramento tem um carácter diferencial de desenvolvimento. A velocidade de deslocamento ao longo das zonas de espalhamento é claramente observada nos mapas morfoestruturais do fundo oceânico. A maioria das falhas transformantes está localizada na vizinhança das yonas equatoriais e suvshirot. À medida que se afasta do equador em direção aos pólos, a grossura das falhas transformantes diminui e, nas faixas dos pólos, enfraquece acentuadamente, e nos próprios pólos estão ausentes, o que está de acordo com os princípios do conceito CDEZC e a natureza do mecanismo de rotação da Terra.

As falhas divergentes, cujas características são descritas acima, são geralmente observadas não apenas nas bacias oceânicas, mas também em todas as regiões do mundo. Além disso, elas se manifestam mais intensamente perto das faixas equatoriais da Terra.

As características de muitas estruturas geológicas de desenvolvimento descontínuo estão disponíveis para observação visual nas zonas das bacias oceânicas e estão bem reflectidas nos mapas geomorfológicos do fundo dos leitos oceânicos. Isto deve-se ao facto de, nas bacias oceânicas, as principais características da formação de estruturas e o seu aspeto geomorfológico estarem bem preservados e não terem sido desnudados, o que é muito importante para a análise estrutural de objectos geológicos, bem como para a elucidação dos seus padrões de distribuição, o que é muito importante em estudos geológicos.

Ao contrário das bacias oceânicas, em terra, o aspeto original das formações geológicas foi completamente destruído pela desnudação, o que complica significativamente os estudos geológicos e exige estudos pormenorizados utilizando análises morfo-estruturais tendo em conta as reconstruções paleotectónicas.

Outras variedades de falhas divergentes, a partir da posição do conceito KDESC, são os tipos riftogénicos de falhas profundas. As falhas riftogénicas são comuns no tipo continental da crosta terrestre. Muitas delas estão atualmente cicatrizadas, o que torna a sua observação visual muito mais difícil. Só podem ser identificadas e estudadas através de estudos geológicos de pormenor.

É de notar que todos os processos geológicos, incluindo as falhas profundas, a sua formação e desenvolvimento estão relacionados com o desenvolvimento da crosta terrestre como um todo. Por conseguinte, a formação e o desenvolvimento de falhas profundas têm um carácter evolutivo de desenvolvimento. Deste ponto de vista, as falhas profundas formam-se e desenvolvem-se, curam-se, ou seja, param a sua atividade ativa no aspeto histórico. A maioria das falhas profundas tem um carácter hereditário de desenvolvimento.

As falhas profundas globais estão frequentemente envolvidas na formação e desenvolvimento de bacias oceânicas e de outras bacias hidrográficas. A formação e o desenvolvimento do Oceano Atlântico e do Mar Vermelho, que continuam a expandir-se atualmente, são exemplos disso.

O segundo tipo genético de falhas profundas são as falhas convergentes. A formação de falhas convergentes está intimamente relacionada com as zonas de compressão. Estas zonas de compressão, assim como as zonas de tração divergentes, formam-se em direcções sub-meridianas. Formam-se como resultado de deslocamentos diferenciais das massas litosféricas associados ao carácter de propagação das forças geodinâmicas, que predeterminam a dinâmica das tensões em todas as zonas da crosta terrestre.

De acordo com a posição do KDESC, as zonas de compressão mais intensas estão localizadas em grandes faixas de junção da crosta terrestre de tipo oceânico com a crosta continental, ou seja, entre diferentes tipos de crosta terrestre, o que está relacionado com a diferença de velocidade dos geoblocos em movimento das massas litosféricas que provocam a formação de zonas de compressão. O mecanismo de formação deste tipo de zonas de compressão, de acordo com a teoria proposta, bem como com a tectónica de placas, é explicado da seguinte forma: O tipo oceânico de baixa potência e densidade da crosta terrestre (no nosso exemplo, o tipo oceânico da crosta terrestre), ao encontrar-se com o tipo continental de crosta terrestre de baixa potência e densidade, de acordo com as leis da mecânica, passa por baixo do tipo continental de crosta terrestre de baixa potência e densidade, a que se chama subducção.

Ao mesmo tempo, as camadas leves e recém-formadas (a primeira e a segunda camadas das bacias oceânicas) que cobrem o tipo oceânico da crosta terrestre participam na formação do prisma acrecionário durante a subducção (Figs. 12, 13, 14). A partir da posição do KDESC, a razão para a formação de acreção é explicada pelo facto de serem leves e não poderem passar por baixo dos continentes juntamente com o tipo oceânico da crosta terrestre, portanto, por esta razão, o arrancamento deles forma acreção na forma de um prisma, nas zonas de subducção avançadas, ao longo das zonas de subducção.

A partir da posição do KDESC, significa que o comprimento da circunferência da Terra perto das faixas equatoriais é quase constante, por esta razão as zonas de compressão são compensadas por zonas de alongamento, o que é um fenómeno natural na evolução da crosta terrestre. No entanto, o processo de compressão não pode ser limitado entre os tipos oceânico e continental da crosta terrestre e é mais generalizado, o que é bastante natural e apoiado pelo raciocínio lógico. O que precede é confirmado pelo facto de os processos de compressão serem fenómenos generalizados e poderem ser observados em todas as regiões do mundo. O seu papel é particularmente importante na origem e evolução de todos os tipos de transformações metamórficas. A clarificação das suas condições geotectónicas de formação tem importância teórica e prática.

O esclarecimento das verdadeiras causas dos fenómenos naturais, incluindo os processos tectonomagmáticos e metamórficos, é de extrema importância para a formação e constituição dos componentes minerais, que podem ainda participar na formação dos depósitos minerais.

O terceiro tipo genético de falhas profundas são as falhas de transformação. A origem, o padrão de distribuição e a forma de manifestação das falhas de transformação estão intimamente relacionados com os dois tipos genéticos anteriores de falhas profundas. Elas formam-se e são formadas simultaneamente em todas as fases de desenvolvimento da crosta terrestre.

As falhas transformantes do tipo genético localizam-se subperpendicularmente às falhas profundas divergentes e convergentes, que se formam durante os movimentos de massa da litosfera. A formação de falhas profundas transformadas também ocorre durante os movimentos de massa da litosfera. Nesta altura, é criado um complexo quadro de tensões em toda a superfície da Terra, que é aliviado pela formação de falhas de transformação, tais como cisalhamentos, que separam diferentes geoblocos da crosta terrestre.

Uma caraterística das falhas transformadas é que em todo e qualquer lugar, independentemente da sua classificação e localização, elas estão localizadas paralelamente umas às outras, principalmente em direcções sublatitudinais.

As falhas de transformação no aspeto genético, de acordo com os princípios do conceito proposto, dividem-se em dois tipos genéticos: global-regional e local. As formações de falhas transformantes do tipo global-regional ocorrem sob a influência de forças geodinâmicas globais. Elas estão sempre localizadas paralelamente umas às outras. E as falhas de transformação de tipo local desenvolvem-se entre geoblocos de desenvolvimento autónomo da crosta terrestre. É de notar que, independentemente da classificação das falhas de transformação, estas são condicionalmente divididas em globais e regionais, e não é possível distingui-las umas das outras pela sua génese. Isto deve-se ao facto de o carácter da sua formação ser controlado pelos processos globais gerais, com exceção das falhas de transformação que estão geneticamente relacionadas com os processos de colisão, cuja formação tem um carácter local de desenvolvimento.

Quanto à classificação das falhas de transformação, trata-se apenas de uma divisão convencional das falhas de transformação por magnitude. As falhas de transformação globais pertencem à primeira categoria. As suas dimensões são medidas em milhares de quilómetros, as falhas de transformação profundas estão localizadas nos oceanos Pacífico, Atlântico e Índico, como já foi dito, por vezes as suas dimensões vão de um extremo ao outro do continente.

Entre estas falhas profundas globais, existem falhas de transformação relativamente pequenas de carácter de desenvolvimento regional. Têm condições comuns de formação com as falhas globais, muitas vezes rastreáveis a um milhar e meio de quilómetros no dilúvio e mais.

Quanto à formação de tipos locais de falhas profundas transformantes, os tipos genéticos que se observam em todos os tipos genéticos de geoblocos são os mais difundidos. A sua formação está intimamente ligada a geoblocos separados da crosta terrestre que se movem autonomamente, e a sua tensão interna com o carácter dinâmico do desenvolvimento.

O quarto tipo genético de falhas profundas é o colisional. Este tipo genético de falhas profundas distribui-se principalmente em zonas de colisão e a sua formação está associada a processos de colisão que, em termos de classificação, pertencem a processos regionais e locais. Estes tipos genéticos distribuem-se principalmente em regiões dobradas de desenvolvimento do tipo colisional.

O exemplo mais marcante é o sistema de montanhas dobradas dos Alpes, onde se sabe que muitas cristas montanhosas, dobras e planícies se formaram em resultado de processos de colisão em espaços interplacas.

Assim, com base no KDESC, é apresentada uma classificação genética generalizada das falhas profundas. Esta classificação permite resolver muitas questões fundamentais da geotectónica de uma nova forma, que é aceitável para cada região do mundo.

6. ORIGEM DOS FENÓMENOS ANÓMALOS E SEU SIGNIFICADO NA EVOLUÇÃO DA CROSTA TERRESTRE

Anotação. Neste artigo, as causas da formação de vários tipos de fenómenos anómalos e o seu papel na formação da crosta terrestre são revelados a partir da posição do conceito da dinâmica da evolução da crosta terrestre (DEZC). Também explica a origem de vários tipos genéticos de fenómenos anómalos, incluindo a astenosfera, plumas, diapiros, suturas, pontos quentes, etc.; processos vulcanoplutónicos, incluindo erupções vulcânicas, terramotos e tsunamis e o seu significado na história do desenvolvimento da crosta terrestre. Todos estes processos anómalos ocorrem sob a influência de forças geodinâmicas criadas pela rotação da Terra, que está associada à origem de muitos processos geológicos, incluindo fenómenos anómalos.

A partir da posição do KDESC, um dos principais processos globais inclui os processos anómalos, que se formam principalmente nas zonas intergeosféricas. Estes desempenham um papel importante na formação e desenvolvimento de muitos processos naturais, incluindo os processos geotectónicos. Estes processos globais incluem processos como as astenosferas, plumas, suturas, diapires, pontos quentes, etc.(3).

Nas construções teóricas anteriores da geotectónica havia numerosas contradições, que não permitiam esclarecer as verdadeiras causas da origem e das condições de formação de muitos processos geotectónicos. Estes incluem: a origem dos fenómenos anómalos; as causas do movimento continental; o mecanismo do movimento das massas litosféricas; as erupções vulcânicas e a manifestação de sismos; a formação de estruturas globais de falhas profundas; a formação e o mecanismo de formação, bem como as regularidades de distribuição dos sistemas de dobras de montanha; os processos vulcano-plutónicos e muitos outros processos geológicos, incluindo os processos geotectónicos.

As razões para todas estas deficiências e lacunas na ciência geológica (1,9,47,176,181) deveram-se à omissão do processo de rotação da Terra e, relacionado com ele, a formação de forças dinâmicas nas construções geotectónicas, às quais foi dada muita atenção na construção do novo conceito do KDEZK.

O mais importante é que nas construções teóricas anteriores não era claro com o que o movimento dos continentes estava relacionado, quais eram as suas forças motrizes. Estas e outras questões foram objeto de acesas discussões entre os investigadores das ciências naturais, incluindo os tectonistas. Alguns investigadores acreditavam que o movimento dos continentes estava relacionado com as forças internas da Terra, ou seja, as correntes intramantílicas, cuja origem e mecanismo de formação também permaneciam difíceis de explicar, tal como as causas do movimento continental.

Com base nos princípios do KDESC, é possível encontrar respostas lógicas a estas e a muitas outras questões relativas à origem e às condições de formação de muitos processos geotectónicos através da aplicação de leis físico-químicas conhecidas, das ciências naturais e da mecânica nas condições de rotação da Terra.

Vejamos os problemas da origem da astenosfera, que foi aceite por todos os investigadores como uma das geosferas da Terra e, com base nos dados da investigação geofísica, de facto, os seus parâmetros geométricos e geofísicos permitem-nos dizer que é uma das geosferas da Terra. No entanto, a sua origem não era clara e não podemos deixar de pensar como é que se formou? Será possível relacionar a sua origem com as forças geodinâmicas da Terra, que influenciam os processos terrestres.

Utilizando o exemplo das forças de Coriolis, verifica-se que existem deslocações entre a água (no sentido geológico, hidrosfera) na superfície da litosfera. Estas deslocações ocorrem principalmente nas direcções latitudinais e estão intimamente relacionadas com a rotação da Terra, bem como com os padrões de propagação das forças geodinâmicas, que ocorrem principalmente de oeste para leste. E a água, por ser uma substância de baixa densidade, mais do que a matéria de base, as litosferas submergem nas margens ocidentais dos rios, ou seja, restos insignificantes da massa da litosfera, que é o efeito Coriolis, que é considerado um facto fiável.

A partir da posição do KDESC, as forças de Coriolis nas primeiras zonas ribeirinhas fixadas por Coriolis devem ocorrer não só entre a água e a litosfera, mas também entre substâncias de diferentes densidades de outras geosferas da Terra, que, sob a influência de algumas forças, estão sujeitas a deslocação. Em relação aos processos globais que ocorrem na crosta terrestre, essas forças são forças geodinâmicas que provocam o deslocamento de massas litosféricas em todos os lugares, exceto nas faixas polares da Terra, e atestam que esse processo provavelmente ocorre em todas as margens das bacias hidrográficas, infelizmente, não dispomos de tais dados e requer estudos experimentais nas margens das bacias hidrográficas, como resultado de que nessas áreas pode ser estabelecida a ação das forças de Coriolis com o efeito correspondente, que é de importância na construção das bacias hidrográficas.

Este facto mostra que se o deslocamento entre a litosfera e a hidrosfera se estabelece à superfície, então este facto é inerente às outras geosferas da Terra. A presença deste facto do efeito da força de Coriolis é utilizada por nós na construção do KDEZK. As conclusões obtidas estão claramente de acordo com o desenvolvimento dos processos geotectónicos.

Este facto mostra que a origem da astenosfera está relacionada com a rotação da Terra em torno do seu eixo, de oeste para este, verificando-se então uma deslocação de massas entre o manto sólido-líquido e a litosfera sólido-frágil. Neste momento, ocorrem intensas transformações de fase físicas e químicas da matéria, por toda a parte nas zonas de junção da litosfera e do manto superior, onde ocorrem ativamente movimentos de rotação, com o que a origem da astenosfera e outros fenómenos anómalos estão relacionados, provocando a descompactação da matéria do manto superior e de parte das massas litosféricas.

A este respeito, pode argumentar-se que a astenosfera não é uma geosfera independente da Terra, mas apenas uma zona de transformações de fases físicas e químicas, que são a fonte de alimentação dos processos vulcânicos e vulcano-plutónicos. Isto é ainda evidenciado pelo facto de, com base em estudos geofísicos, ter sido estabelecido que a astenosfera está encravada por baixo de grandes tipos de crosta terrestre, simultaneamente poderosos e continentais, mesmo por baixo do tipo continental mais estável da crosta terrestre. Por isso, regra geral, nestas zonas, as transformações de fase físico-químicas da matéria ocorrem fracamente ou estão quase ausentes.

Se ocorrem transformações de fase físicas e químicas entre o manto e a litosfera, então, naturalmente, tais processos ocorrem também entre as outras geosferas da Terra. No entanto, a intensidade destes processos diminui proporcionalmente com a diminuição dos raios da Terra, natural com o facto de que, com a diminuição dos raios, o efeito da taxa de rotação das massas litosféricas também diminui.

O conceito pressupõe que ocorrem transformações de fase físicas e químicas entre todas as geosferas da Terra, exceto a litosfera, e entre outras geosferas. Incluindo entre o manto e o manto inferior, entre o manto inferior e o superior e, finalmente, entre o manto superior e a litosfera (Fig. 11-17).

Os processos do tipo das transformações de fase físicas e químicas da matéria que tiveram lugar entre as geosferas da Terra não têm um carácter de desenvolvimento semelhante em todo o lado. Ocorrem mais intensamente entre o manto superior e a litosfera, enquanto entre outras camadas não se podem manifestar ativamente, porque aí estão sob grande pressão, potencialmente existem e certamente participam ativamente na evolução dos processos intra-terrestres.

Quanto à evolução da astenosfera, que é um produto das transformações de fase físico-químicas da matéria que ocorrem entre o manto superior e a litosfera, desempenhou e continua a desempenhar um papel importante na formação e desenvolvimento dos processos geotectónicos.

Isto deve-se ao facto de a astenosfera cobrir toda a zona sublitosférica da Terra e estar diretamente ligada à litosfera. Por isso, as falhas profundas formadas por processos de deslocação penetram no manto superior, onde sob as zonas de falha a atividade dos processos físico-químicos aumenta dezenas e milhares de vezes. Além disso, estes processos são acompanhados por um aumento do volume dos produtos que sofrem transformações de fase físico-químicas. Isto favorece a superação da carga litosférica. Assim, as substâncias subcrustais ao longo das falhas profundas tendem a penetrar na zona da litosfera sob a forma de produtos magmáticos, o que garante um maior desenvolvimento dos processos vulcanoplutónicos.

Algumas partes destes produtos atingem a superfície da Terra sob a forma de erupções vulcânicas, enquanto as restantes se distribuem nas zonas interiores da litosfera, sob a forma de formações intrusivas e subvulcânicas.

Na posição do KDESC, as transformações de fase físicas e químicas da matéria ocorrem entre todas as geosferas da Terra. Os produtos destas transformações de fase da superfície da Terra têm ligações com falhas profundas. No entanto, devido ao facto de as falhas serem características da litosfera como um corpo sólido. Por conseguinte, as transformações de fase físico-químicas que ocorrem entre outras geosferas não podem ocorrer diretamente na superfície da Terra, mas apenas participam na ativação de transformações de fase físico-químicas nas zonas localizadas entre a geosfera da litosfera e o manto superior.

Estes produtos, sob a forma de plumas e suturas, surgem de várias partes da Terra e participam na ativação da astenosfera, que por sua vez participa na formação de processos vulcanoplutónicos.

Quanto à formação e formação de pontos quentes, que se encontram disseminados em diferentes zonas dos continentes e oceanos, a sua origem está aparentemente também ligada a processos físicos e químicos geosféricos.

A propagação de pontos quentes nos espaços oceânicos é também um fenómeno natural, cuja origem está, sem dúvida, nas transformações físico-químicas das fases subcrustais. Quanto à propagação de pontos quentes nas zonas interiores dos continentes, a sua explicação é algo difícil. A partir da posição do KDESC, assume-se que as plataformas estáveis com grandes áreas têm um curso de desenvolvimento autónomo em algumas fases do seu desenvolvimento. Normalmente, nas faixas intermédias destas plataformas, as falhas profundas estão ausentes ou cicatrizadas. Devido ao facto de que sob estas plataformas também ocorrem, em condições geotectónicas fechadas, pelo menos fracamente, manifestações de transformações de fase físico-químicas. Os produtos destas transformações de fase físico-químicas podem ser gás-fluido, incluindo juvenis, que podem autonomamente ultrapassar as cargas litosféricas sobrejacentes e penetrar nas secções litosféricas, bem como na superfície da Terra, sob a forma de processos vulcânico-plutónicos, incluindo erupções vulcânicas e fontes termais. O contorno geométrico e o carácter de distribuição das estruturas vulcanoplutónicas recém-formadas, cuja formação está associada a estes processos, têm geralmente uma forma circular. Esta caraterística confirma que a sua formação está intimamente relacionada com o desenvolvimento autónomo dos

processos que ocorrem nas zonas de subplataformas. Nestas zonas da crosta terrestre, as transformações das fases físico-químicas ocorrem em regime fechado e, muitas vezes, os produtos das fases físico-químicas observadas, que corroem o teto dos continentes, surgem à superfície da Terra sob a forma de pontos quentes.

Assim, as considerações anteriores permitem afirmar que a origem da astenosfera, plumas, suturas, pontos quentes e outros processos globais de carácter anómalo de desenvolvimento estão também relacionados com a rotação da Terra e as forças geodinâmicas relacionadas.

Estas forças geodinâmicas estão envolvidas na formação e no movimento das massas litosféricas. Por sua vez, a deslocação em todas as partes da crosta terrestre cria um quadro de tensões complexo e participa ativamente na formação de redes de profundidade globais.

Simultaneamente, o referido quadro de falhas profundas determina a manutenção do regime gás-fluido existente entre o manto superior e a litosfera, bem como a formação de sistemas de dobras montanhosas.

Processos anómalos de carácter global, os principais dos quais são a astenosfera, as plumas e os suturos, tanto em escala como em complexidade de origem e evolução, desempenhando um papel importante na formação e desenvolvimento de processos geotectónicos de carácter regional e local, que estão envolvidos na formação de vários tipos de minerais de origem endógena.

Assim, após a análise do exposto, podemos concluir que a origem e a formação de diferentes tipos genéticos de depósitos, especialmente do tipo endógeno, estão associadas ao desenvolvimento de fenómenos anómalos que não requerem provas especiais.

A importância dos processos anómalos na desgaseificação da Terra é grande, porque durante o desenvolvimento das transformações de fase físicas e químicas, ocorrem numa quantidade colossal de materiais representados sob a forma de secreções gás-líquido e gás-fluido, que foram libertados das partes interiores da Terra e participaram na formação e constituição de vários tipos de minerais.

A desgaseificação é um dos processos complexos, mas interessantes, que estão envolvidos na formação e modelação de diferentes tipos de minerais. Favorece a remoção de diferentes tipos de componentes minerais do interior da Terra sob a forma de substâncias juvenis isoladas das regiões subcrustais da Terra. Estes componentes estão envolvidos na formação de conjuntos de minérios extremamente diversificados. Estes diferentes tipos de componentes de minério são formados em diferentes níveis da crosta terrestre, bem como, na superfície da Terra, trazidos como resultado de erupções vulcânicas. Todas estas assembleias podem depois participar na formação de depósitos minerais

O que precede mostra que o estudo das origens dos fenómenos anómalos, bem como a compreensão adequada dos traços característicos da génese e do desenvolvimento associados a estes fenómenos naturais colossais, são de grande importância científica e prática.

A definição e as formas de resolução dos problemas fundamentais da geotectónica revestem-se de grande importância científica e prática. Uma vez que, sem fundamentos teóricos, o valor de qualquer trabalho prático não pode ser pleno. Isto é especialmente importante nos desenvolvimentos geológicos, onde qualquer projeto de prospeção e exploração, sem ter em conta as justificações científicas e teóricas, pode causar enormes prejuízos à economia nacional.

Neste aspeto, a consideração do conhecimento científico é também importante para levantar a questão da recuperação das acumulações de minérios endógenos. A este respeito, é muito importante prestar muita atenção à origem e às condições de formação dos objectos geológicos e das formações de minérios endógenos associados que facilitem a sua extração e produção a baixo custo.

A este respeito, a teoria desenvolvida da geodinâmica da evolução da crosta terrestre não é apenas de importância teórica, mas também de grande significado prático. Neste sentido, a elucidação das causas da origem e da natureza da evolução de numerosos processos geotectónicos no aspeto genético é também valiosa. Esta teoria fornece novos conhecimentos que diferem significativamente das ideias científicas anteriores, por vezes infundadas, sobre a origem, o desenvolvimento e a evolução da crosta terrestre, bem como dos diversos processos geotectónicos relacionados.

Tudo o que foi dito permite-nos concluir que as principais razões para a origem de todos os fenómenos anómalos estão geneticamente ligadas entre as mudanças geosféricas, onde ocorrem intensas transformações de fase físicas e químicas da matéria, provocando a expansão dos seus volumes, que são acompanhados por uma variedade de fenómenos naturais diferentes, incluindo geotectónicos.

Assim, os diversos processos acima referidos mostram que a importância dos fenómenos anómalos na história do desenvolvimento tectónico é inestimável. Para comprovar esta ideia, notemos apenas um facto, o de que a origem dos processos vulcânico-plutónicos, aos quais estão associados os principais tipos de minerais, está ligada à astenosfera. Para além destes, os processos anómalos, que se formam principalmente na junção do manto com a litosfera e estas zonas da crosta terrestre são a fonte de nutrição dos processos vulcanoplutónicos.

7. FORÇAS GEODINÂMICAS DA TERRA, ORIGEM, PADRÕES DE DISTRIBUIÇÃO E SUA IMPORTÂNCIA NA EVOLUÇÃO DA CROSTA TERRESTRE.

Anotação. Neste trabalho são elucidadas as origens e as regularidades da distribuição das forças geodinâmicas no espaço terrestre, com as quais se relacionam geneticamente as origens e o mecanismo de formação dos principais tipos de processos geotectónicos, tais como: a origem das astenosferas, plumas, diapiros, suturas, pontos quentes; os processos de formação de montanhas; o movimento das massas litosféricas; os processos de transformação metamórfica; as erupções vulcânicas e os sismos; a formação e a constituição dos continentes; a origem das falhas profundas; a formação de certos tipos de processos geotectónicos; e a formação da crosta terrestre. São clarificados os papéis e significados dos processos geotectónicos mencionados na evolução da crosta terrestre a partir da posição do conceito da dinâmica da evolução da crosta terrestre (CDEZK).

Na posição do KDESC, em geral, a literatura existente e os dados factuais (Akhverdiev, 1976, 1989, 2004, Kashkai.et al., 1967, Luchitsky, 1971. Maleev, 198 0. Milanovsky, 1968. Rigman,. 1964. Khain, 1973 Shikhalibeyli, 1996) afirmam inequivocamente que a origem das forças geodinâmicas está relacionada com a rotação da Terra, sob a influência da qual se desenvolvem os principais processos geotectónicos, com os quais estão associados a origem e a formação de vários elementos estruturais da crosta terrestre, tais como sistemas de dobras de montanha combinados com flacidez espaçosa e outros elementos estruturais enterrados, que são geralmente partes constituintes da litosfera. Foram formados sob diferentes condições geotectónicas, que são compostas por diferentes tipos genéticos de complexos rochosos representados por rochas ígneas, sedimentares e suas variedades metamorfoseadas, que foram formadas sob as respectivas condições geotectónicas.

A formação de condições geotectónicas ocorre sob a influência de forças dinâmicas, que estão geralmente relacionadas com as forças geodinâmicas gerais da Terra (Fig. 1).

Todos os principais processos geotectónicos, tais como: o movimento das massas litosféricas, a origem de fenómenos anómalos, os processos vulcanoplutónicos, a divisão da crosta terrestre em zonas estáveis e móveis, a formação de zonas de tensão e muitos outros ocorrem diretamente sob a influência de forças geodinâmicas.

Numerosos processos geotectónicos e a formação de vários tipos genéticos de falhas profundas, incluindo falhas divergentes, convergentes e transformadas, e a formação de estruturas dobradas de diferentes tipos genéticos, tanto colisionais como vulcanogénicas, estão associados ao processo de movimento da massa litosférica.

O mais importante na origem e desenvolvimento da astenosfera, bem como, relacionados com eles, outros fenómenos anómalos, como plumas, suturas, diapiros, estão associados a forças geodinâmicas que provocam a origem de transformações de fases físicas e químicas intergeosféricas, o que se deve à origem e condições de formação de processos vulcano-plutónicos, incluindo erupções vulcânicas e sismos.

Processos importantes e importantes no desenvolvimento da crosta terrestre estão associados aos seus desmembramentos, que também ocorrem não de forma intermédia, sob a influência de forças geodinâmicas. Por sua vez, muitos processos importantes estão associados aos desmembramentos da crosta terrestre, como a criação de tensões na crosta terrestre com significado espacial, que se deve à formação e formação de zonas de tensão como a convergência e a divergência, que estão diretamente envolvidas na formação de descontinuidades.

A partir da posição do KDESC, os principais processos geotectónicos ocorrem de forma inter-relacionada: por exemplo, na formação dos processos vulcânico-plutónicos participam, simultaneamente, os produtos das transformações de fase físico-químicas intergeosféricas, a formação de falhas profundas, bem como processos de assimilação, diferenciação e contaminação ocorridos no espaço da litosfera. Como resultado da inter-relação destes processos, verifica-se a formação e formação de erupções vulcânicas e sismos e, relacionados com eles, outros processos geológicos.

A elucidação da natureza dos processos geotectónicos acima referidos está ligada à origem das forças geodinâmicas e aos seus padrões de distribuição na Terra e na sua crosta. Estas forças geodinâmicas são dirigidas de oeste para leste e dos pólos da Terra para os seus equadores, bem como da relação destas forças nascem outras forças geodinâmicas de carácter tangencial de desenvolvimento.

Todos os processos associados ao movimento das massas litosféricas ocorrem sob a influência de forças geodinâmicas. Isto inclui a formação de horizontes, rupturas de falhas profundas, processos vulcânicos-plutónicos e movimentos de massas litosféricas.

As forças geodinâmicas são os principais motores do movimento continental, tal como referido noutros trabalhos (Akhverdiev,2004).

Nas construções geotectónicas anteriores, as forças motrizes dos continentes eram discutíveis. Apesar disso, acumulou-se uma grande quantidade de material factual, permitindo a criação de um conceito maduro que poderia explicar as verdadeiras causas da formação e o padrão de propagação de muitos processos geotectónicos.

Por conseguinte, existiam muitas lacunas e deficiências nas construções teóricas da geotectónica, o que provocou numerosas discussões entre os especialistas. As principais lacunas destes conceitos residiam no facto de, durante o seu desenvolvimento, não ter sido dada a devida atenção à rotação da Terra e à sua possível influência nos processos terrestres.

Por conseguinte, no desenvolvimento da teoria geodinâmica da evolução da crosta terrestre, esta questão é de grande importância.

São analisadas todas as variantes possíveis da influência da rotação da Terra nos processos terrestres, tendo em conta as leis não rejeitadas da física e da mecânica.

São analisadas as características dos principais fenómenos naturais que ocorrem na Terra e na sua crosta, incluindo os processos geotectónicos.

No desenvolvimento deste conceito, o objetivo principal é a procura das verdadeiras causas da formação de cada processo natural, bem como a sua relação com outros fenómenos naturais. Dia após dia foram acumulados enormes materiais que permitiram chegar ao objetivo pretendido. No seu desenvolvimento surgiram muitas questões.

As principais questões que se colocaram foram as que se prendem com as principais forças motrizes de todos os processos naturais. Foram analisadas todas as possíveis variantes que influenciam o desenvolvimento dos processos geotectónicos, tanto as forças internas como as externas. Como resultado destes estudos reforçou-se a ideia principal de que todos os processos naturais estão inter-relacionados, mas ainda assim as principais forças motrizes dos processos naturais, incluindo os processos geotectónicos, estão associadas à rotação da Terra.

Foi necessário analisar numerosos factos fiáveis para descobrir as verdadeiras causas da formação e os padrões de distribuição dos processos geotectónicos globais: incluindo o movimento dos continentes; a mudança de localização de pontos separados da Terra em relação uns aos outros; os padrões de manifestação e distribuição das erupções vulcânicas e dos sismos; a divisão da crosta terrestre em zonas móveis e estáveis; os padrões de distribuição das falhas profundas globais; a ausência de manifestações vulcânicas nos pólos da Terra.

Os processos geotectónicos estão relacionados com as forças geodinâmicas externas da Terra.

Por isso, durante o desenvolvimento da teoria da geodinâmica da evolução da crosta terrestre, centrámo-nos no facto da rotação da Terra em torno do seu eixo. A partir desta posição, analisámos os principais processos naturais, incluindo os processos geotectónicos. Descobriu-se que as forças motrizes dos processos geotectónicos são forças geodinâmicas, que estão associadas à rotação da Terra em torno do seu eixo.

Foi assim que nasceu a teoria geodinâmica crustal da evolução da crosta terrestre (CDEZC), 55

que permite descobrir as verdadeiras causas de numerosos processos naturais, incluindo os geotectónicos. Foi assim que nasceu o KDESC, que permite descobrir as verdadeiras causas de numerosos processos naturais, incluindo os geotectónicos.

A partir da posição do KDESC, no seu carácter e desenvolvimento no aspeto histórico, tem um carácter evolutivo de desenvolvimento. Isto deve-se ao facto de que com a mudança do eixo de rotação da Terra, a natureza e as direcções das forças geodinâmicas associadas à sua rotação mudam.

Por sua vez, as alterações no eixo de rotação da Terra estão relacionadas com factores externos e internos que acompanham o seu desenvolvimento e evolução.

Os principais destes factores são as marés, a ação das marés e a desnudação. Estes processos globais provocam alterações nos parâmetros geométricos da Terra, que, por sua vez, afectam as alterações do seu centro de gravidade. Isto, por sua vez, altera a natureza e a direção do desenvolvimento e da evolução de todos os processos geotectónicos relacionados com a evolução da crosta terrestre.

Assim, o exposto acima, mostra inequivocamente que as forças geodinâmicas são a principal fonte de energia de todos os processos geotectónicos que ocorreram e ocorrem na crosta terrestre, na rotação da Terra.

Sob a influência de forças geodinâmicas, ocorrem deslocações de massas litosféricas. E a própria deslocação, pela sua natureza, é um processo muito complexo, mas, ao mesmo tempo, um fenómeno interessante que está ativamente envolvido na história do desenvolvimento da crosta terrestre (Fig. 4).

Numerosos processos geotectónicos importantes, como a formação e propagação de grandes descontinuidades na crosta terrestre e os seus padrões de distribuição, estão associados a estes fenómenos e a muitos processos globais.

Estes processos incluem vários tipos genéticos de processos de formação de montanhas, incluindo a formação e a formação de estruturas montanhosas de tipo deslocado e vulcanogénico, a formação de vários tipos genéticos de falhas profundas, a origem das erupções vulcânicas e dos sismos, a dissecação da crosta terrestre; a formação e os padrões de distribuição dos processos metamórficos, a formação de zonas divergentes e convergentes e, associadas a elas, o espalhamento, a subducção, o rifting, o arco-ilha e muitos outros.

Tudo isto sugere que as forças geodinâmicas são as principais forças motrizes dos processos geotectónicos na Terra como um todo, incluindo na sua crosta. O acima mencionado mostra claramente que, sem ter em conta as forças geodinâmicas da Terra, a elucidação dos principais fenómenos naturais não pode ser completa e, por vezes, não é possível....

8. O METAMORFISMO COMO CONSEQUÊNCIA DAS FORÇAS GEODINÂMICAS DA TERRA

Anotação. Este trabalho elucida os processos de metamorfismo a partir da posição do conceito de evolução geodinâmica crustal da crosta terrestre (CDEEC). Constata-se que os padrões de formação e distribuição dos principais tipos de processos metamórficos estão diretamente relacionados com as forças geodinâmicas que ocorrem sob a influência destas forças geodinâmicas. Quando a Terra gira, são criadas forças geodinâmicas. Os principais processos geotectónicos ocorrem sob a influência destas forças, incluindo os processos metamórficos. Quando a Terra gira, são criadas zonas de tensão na crosta terrestre, que provocam o desenvolvimento de processos metamórficos, aos quais estão associados os principais tipos de complexos metamórficos de rochas. Os principais tipos de transformações metamórficas estão associados a zonas de compressão, que são criadas sob a influência de forças geodinâmicas.

Nos estudos geológicos, o estudo das transformações metamórficas tem sido objeto de grande atenção, mas os seus principais problemas ainda não foram resolvidos; as principais causas de formação e os seus padrões de distribuição no espaço, que têm importância científica e prática. (Belousov, 1983 ;. Bush, 1983 ; Gzovsky, 1959. KASHKAI, et al, 1967; Luchitsky, 1971; Mal'eev,. 1980 ; Milanovsky, 1968. Ritman, 1964. Hain, 1973; Scheinmann, 1972; Shikhalibey li 1996) devido ao facto de uma variedade de tipos genéticos de minerais estarem associados a transformações metamórficas. Neste trabalho, não nos propusemos investigar as principais questões relacionadas com as transformações metamórficas. O nosso principal objetivo é descobrir, a partir da posição da teoria proposta, as principais características dos processos metamórficos relacionados com os processos geotectónicos globais. Tal como o papel das forças geodinâmicas na origem e transformação das formações metamórficas, bem como as regularidades da sua distribuição na crosta terrestre.

Os processos metamórficos são uma consequência de várias forças dinâmicas, sendo as principais as forças geodinâmicas e os seus tipos arbitrários, que são de grande importância na formação e modelação dos processos geotectónicos, incluindo os metamórficos.

Sob a influência das forças geodinâmicas, uma complexa cascata de tensões é criada na crosta terrestre. A este respeito, na litosfera é formada sob a forma de diferentes zonas características, compressão e tensão, que desempenham um papel importante na formação e formação de diferentes tipos genéticos de rochas de transformações metamórficas.

As características das zonas de compressão e tensão são o facto de estarem distribuídas na crosta terrestre num padrão regular. Esta regularidade é criada sob a influência de forças geodinâmicas, que são controladas pela rotação da Terra.

As forças geodinâmicas, formadas sob a influência da rotação da Terra, provocam a formação de estruturas complexas, zonas de alongamento, que podem ser traçadas em direcções sublatitudinais ou submeridionais. A origem das falhas profundas está associada, como indicado acima, a estas zonas de alongamento, que predeterminam o aspeto estrutural e morfológico da crosta terrestre.

Se analisarmos cuidadosamente o que precede, podemos afirmar com segurança que os principais tipos genéticos de transformações metamórficas estão associados às zonas de compressão e parcialmente à zona de alongamento. Estas zonas são locais de condições favoráveis para as transformações metamórficas. Estas condições favoráveis são predeterminadas pela acumulação de vários componentes de minério que provocam a formação de diferentes tipos de depósitos de minério. Ao mesmo tempo, com as mudanças de pressão e temperatura, que são factores importantes para as transformações metamórficas, que também são controladas por forças geodinâmicas. Estas forças em geral predeterminam a formação de zonas de tensão, que está associada à formação e formação de complexos de rochas metamórficas.

O que precede mostra que a origem e o desenvolvimento dos processos metamórficos ocorrem sob a influência de forças geodinâmicas. A evolução dos processos metamórficos está estritamente relacionada com a distribuição das zonas de tensão, que são criadas diretamente como resultado da distribuição das forças geodinâmicas. Se tivermos em conta o facto de as transformações metamórficas se caracterizarem principalmente por mudanças de temperatura e pressão, então será claro que o papel de cada tipo de tensão predominante na crosta terrestre está relacionado com as forças geodinâmicas.

Por isso, ao estudar as transformações metamórficas, é necessário utilizar os dados que estão relacionados com a história do desenvolvimento tectónico das regiões onde se desenvolvem os complexos de rochas metamórficas. Ao analisar e elucidar as condições da sua formação, é necessário realizar reconstruções estruturais e paleotectónicas da região estudada, o que está associado às condições paleotectónicas da sua formação. Sem ter em conta as condições paleotectónicas de formação dos corpos geológicos, onde ocorreram as transformações metamórficas, é impossível estabelecer a verdadeira natureza dos complexos de rochas portadoras de minerais, que estão associados a acumulações minerais ou associações minerais, que são a fonte de minerais de diferentes tipos genéticos.

A necessidade destes trabalhos deve-se ao facto de a condução racional da prospeção e exploração, bem como a descoberta e exploração de depósitos minerais associados a transformações metamórficas dependerem, em grande medida, do esclarecimento da verdadeira natureza dos complexos de rochas portadoras de minério, incluindo as transformações metamórficas.

Em regra, as rochas metamórficas distribuem-se principalmente em zonas de compressão. Estas zonas podem ter sido criadas sob a influência de vários processos geotectónicos. O principal deles são os movimentos das massas litosféricas, que se caracterizam por processos horológicos de desenvolvimento do tipo colisional e global.

Para além destas, as condições geotectónicas da sua formação são importantes na formação das transformações metamórficas, ou seja, onde se formam, em zonas de blocos estáveis da crosta terrestre ou em zonas móveis. Cada uma destas zonas é caracterizada pela formação inerente de complexos metamórficos, devido ao facto de os processos metamórficos poderem ocorrer em diferentes ambientes, onde se desenvolvem diferentes complexos rochosos, representados por diferentes fácies e tipos de formação, tanto de origem sedimentar como de origem magmática, com os quais se predeterminam as principais características das transformações metamórficas.

A análise da literatura e dos dados observados nas regiões estudadas mostra inequivocamente que as transformações metamórficas se manifestam numa variedade de formas. No Cáucaso Menor observam-se várias rochas metamórficas - hornblenda, mármore, serpentinite, calcário e outras rochas metamorfoseadas.

Assim, tendo em conta o que foi dito acima, todas as variedades de transformações metamórficas ocorrem sob a influência de forças geodinâmicas criadas com a rotação da Terra.

9. ESTRUTURAS CRANNOG, SUA ORIGEM E PADRÕES DE DISTRIBUIÇÃO

Anotação. **As estruturas da crosta terrestre estão espalhadas pela face da Terra, a sua formação não é explicada em lado nenhum. Neste artigo, as razões para a sua formação são elucidadas e as regularidades da sua distribuição são estabelecidas a partir da posição do conceito de geodinâmica da evolução da crosta (CDEZK). Constata-se que as estruturas de joelho são fenómenos generalizados e estão localizadas na zona de articulação de vários tipos genéticos de falhas profundas (principalmente falhas divergentes e transformadas), com o que a sua origem e mecanismo de formação estão ligados. As estruturas de joelho desenvolvem-se em todas as zonas da crosta terrestre e ocorrem na zona de justaposição de falhas de espalhamento e de transformação situadas subperpendicularmente umas às outras. No entanto, as condições geotectónicas mais favoráveis para a sua formação são as zonas móveis. Atualmente, são perfeitamente observadas perto das zonas equatoriais de todas as bacias oceânicas.**

Em primeiro lugar, é de salientar que as estruturas cranianas estão amplamente distribuídas na face da Terra. No entanto, não são estudadas ao nível adequado, o que exige o seu estudo pormenorizado no aspeto genético, ao qual se dedica este artigo. O seu desenvolvimento e distribuição têm características descritivas, não tendo sido desenvolvidas as questões e os seus padrões de origem e distribuição:.

As estruturas de joelho crustal são claramente observadas nas intersecções de zonas divergentes e convergentes com falhas de transformação (Fig. ver atlas oceânico). Encontram-se em todo o lado e em toda a parte subperpendiculares a estas estruturas. Este facto leva-nos involuntariamente a pensar que estão geneticamente inter-relacionadas e que necessitam de uma explicação própria.

A análise dos dados existentes, baseada nos princípios do conceito de geodinâmica da evolução da crosta terrestre, mostra que todos os problemas da geotectónica, incluindo questões estruturais globais, problemas de origem de vários processos tectonomagmáticos, problemas de formação de vários tipos de mineralização, etc., são processos inter-relacionados.

Por conseguinte, o estudo de quaisquer questões problemáticas da geotectónica requer o seu estudo abrangente. O estudo das características tectónicas das estruturas dos crânios, incluindo a elucidação das causas da sua origem, as condições de formação e o mecanismo de deslocação, as regularidades de distribuição e outras questões requerem consideração juntamente com outras questões globais.

Esta é a principal direção prioritária do conceito de geodinâmica da evolução da crosta terrestre. A partir deste conceito, os problemas de origem, bem como as condições geotectónicas de formação das estruturas de crânios e os seus padrões de distribuição são considerados tendo em conta as regularidades de formação e distribuição das zonas divergentes, convergentes e de transformação das falhas profundas.

Esta abordagem ao estudo das estruturas de joelho permite-nos descobrir a sua verdadeira natureza. Note-se que, de acordo com a teoria da geodinâmica da evolução da crosta terrestre, as estruturas de joelho desenvolvem-se por toda a parte na crosta terrestre e, de facto, alguns dos joelhos são ramos de falhas transformantes, enquanto outros fazem parte de falhas divergentes e, parcialmente, convergentes. De facto, estas estruturas formam-se simultaneamente, alguns dos seus ramos traçados na direção submeridiana fazem parte de estruturas divergentes e convergentes e, tanto em termos de génese como de carácter de desenvolvimento, correspondem a falhas divergentes e convergentes. E outros ramos de estruturas do joelho formaram-se como resultado de deslocamentos de massa em direcções sublatitudinais e estão geneticamente relacionados com falhas transformantes e desenvolvem-se em direcções sublatitudinais.

As estruturas de joelho são bem traçadas no fundo das bacias oceânicas, ao longo das zonas de espalhamento de alongamento. Isto confirma que também se desenvolvem em zonas continentais, nas zonas de espalhamento de estruturas convergentes, ou seja, em zonas de subducção de compressão, não são visualmente traçadas e requerem um estudo pormenorizado.

De notar ainda as características específicas das estruturas dos joelhos, que consistem no facto de alguns dos seus joelhos apresentarem uma falha do tipo alongamento ou divergente e outros uma falha do tipo cisalhamento, o que está de acordo com o princípio do conceito geodinâmico da evolução da crusta terrestre. A sua origem explica-se pelo facto de tanto as falhas submeridionais (divergentes e convergentes) como as falhas sublatitudinais (transformantes) se terem desenvolvido simultaneamente sob a influência de forças geodinâmicas. Neste contexto, formaram-se cisalhamentos entre elas, o que provocou a origem e a formação de estruturas do tipo crannog, um fenómeno natural no desenvolvimento da crosta terrestre.

As estruturas de joelho têm um carácter descontínuo e, dependendo da sua natureza, têm-se desenvolvido amplamente nas intersecções de zonas de falhas estiradas e comprimidas (falhas divergentes e convergentes) com falhas de transformação. Esta explicação, a partir da posição do conceito de dinâmica da evolução da crosta terrestre, é natural e corresponde aos princípios deste conceito. De acordo com as suas classificações, pertencem a estruturas relativamente pequenas, regionais e locais. Por conseguinte, de acordo com os princípios do conceito, formaram-se em todas as fases do desenvolvimento geológico da crosta terrestre, que são frequentemente cicatrizadas e a sua deteção só é possível com base em estudos especiais utilizando métodos geológicos, incluindo reconstruções paleotectónicas.

A origem e a distribuição das estruturas cranianas em condições continentais são processos necessários, porém, não são observadas visualmente no interior dos continentes. Isto deve-se ao facto de a sua aparência estrutural nestas condições ser destruída com processos de denudação, e nas condições marinhas, onde são agora observadas, terem preservado a sua aparência morfo-estrutural original de formação associada à ausência de denudação, o que é um fenómeno normal. A análise das regularidades de distribuição das estruturas crannogs ao longo da crosta terrestre mostra que o seu desenvolvimento intensivo é caraterístico das faixas latitudinais médias da Terra, o que também se enquadra bem nos princípios do conceito proposto.

À medida que nos afastamos do equador, a intensidade da distribuição das estruturas do joelho enfraquece e, perto dos pólos, desaparece completamente, o que é bastante natural com o carácter do desenvolvimento e está ligado à fase moderna do desenvolvimento da crosta terrestre. Deve-se notar aqui que as estruturas crannog atualmente observadas nas bacias oceânicas foram formadas na fase moderna do desenvolvimento da crosta terrestre.

No entanto, a evolução da crosta terrestre não se limita apenas à fase moderna do desenvolvimento da crosta terrestre. A fase moderna, em comparação com a anterior, é o período de tempo mais curto na história do seu desenvolvimento.

Deste ponto de vista, a origem e a história posterior do desenvolvimento de estruturas geotectónicas, incluindo os crannogs, devem ser analisadas no aspeto histórico. Para descobrir a natureza até à fase atual dos processos geotectónicos e as transformações geológicas relacionadas, é necessário ter em conta a análise da história do desenvolvimento geotectónico da crosta terrestre nesta fase, necessária na investigação geológica.

Ao mesmo tempo, os estudos geotectónicos devem ser realizados de forma abrangente para descobrir a verdadeira natureza dos processos geológicos nesta fase de desenvolvimento de certas regiões da crosta terrestre. Este facto determina não só o valor científico, mas também o valor prático dos trabalhos de prospeção e exploração realizados. Estes trabalhos de prospeção devem ser realizados numa base científica, o que determina a sua rentabilidade.

Tudo o que foi dito acima permite-nos afirmar que a origem e o mecanismo de movimento das estruturas dos crannogs estão geneticamente relacionados com os principais processos geodinâmicos da Terra, que são causados pela sua rotação. Os principais destes processos, de acordo com o conceito proposto, são os seguintes: forças geodinâmicas globais e os seus padrões de distribuição, o movimento das massas litosféricas e os padrões da sua distribuição, a origem das falhas profundas globais, os processos de deslocação, onde se observam claramente estruturas de crannog nas zonas ocidental e oriental da América do Norte e da América do Sul.

A origem das estruturas de joelho está intimamente relacionada com a relação entre as estruturas de falhas divergentes, convergentes e transformadas (ver Fig. 1). É claramente visível na figura apresentada que algumas estruturas de joelho são traçadas ao longo de falhas divergentes e convergentes, que se desenvolvem em direcções submeridionais. E os outros joelhos são traçados ao longo de falhas transformadas, que se propagam principalmente em direcções sublatitudinais.

A partir da posição do KDESC, as estruturas de joelho distribuem-se nas zonas de junção de diferentes tipos genéticos de falhas profundas. Estão geneticamente inter-relacionadas e são um fenómeno natural na evolução da crosta terrestre e correspondem aos princípios genéticos deste conceito.

De facto, a formação de estruturas de joelho está geneticamente relacionada com a formação de falhas profundas divergentes, convergentes e transformantes de carácter global de desenvolvimento. As principais estruturas de joelho estão concentradas nas zonas de redes de falhas profundas, o que se enquadra bem no conceito de geodinâmica da evolução da crosta terrestre. De acordo com este conceito, a formação de estruturas de joelho não é caraterística de zonas estáveis, ou seja, de continentes, mas a sua formação dentro de zonas estáveis, de acordo com este conceito, não é negada. Isto deve-se ao facto de que nas zonas interiores dos geoblocos estáveis as forças dinâmicas são muito fracas. Por isso, os representantes mais marcantes das estruturas em manivela são observados nas zonas móveis.

Assim, com base nas considerações anteriores, podemos tirar a principal conclusão de que as estruturas de crannog estão muito difundidas e são observadas em todas as regiões do mundo. No entanto, nas fases iniciais do desenvolvimento da crosta terrestre, as estruturas do joelho foram completamente destruídas por processos de desnudação e metamórficos. Estudos pormenorizados destas estruturas requerem estudos geotectónicos abrangentes para revelar os seus padrões de desenvolvimento e processos relacionados, que são característicos de todas as fases de desenvolvimento da crosta terrestre.

No que diz respeito ao estudo dos processos modernos das estruturas dos crânios, bem como da sua condição geotectónica de formação, é necessário descobrir a sua natureza com base na análise das características morfoestruturais das bacias oceânicas (Fig. 29, 33).

A análise dos mapas morfo-estruturais dos fundos das bacias oceânicas mostra que as estruturas de grua na crosta terrestre estão distribuídas de forma desigual, o que é um fenómeno regular na história do desenvolvimento tectónico da crosta terrestre. Isto deve-se ao facto de existir uma certa regularidade na distribuição das estruturas do joelho, que pode ser explicada a partir da posição das regularidades da distribuição das forças geodinâmicas.

Esta regularidade refere-se principalmente à sua classificação e à sua direção de localização em relação aos pólos e ao equador. As maiores estruturas de joelho são observadas perto das faixas latitudinais equatoriais da Terra, e as estruturas de joelho relativamente pequenas estão localizadas em regiões remotas em relação ao equador. Esta regularidade no desenvolvimento de estruturas de crânios não é acidental e está associada à intensidade das forças geodinâmicas, que têm um significado predeterminante no desenvolvimento de todos os processos geológicos.

Outra caraterística das estruturas do joelho é que, nas faixas equatoriais, a sua localização é sempre subperpendicular aos meridianos e, à medida que se afasta do equador, este padrão é parcialmente quebrado (Fig.1,2,29,33), o que também está relacionado com as características genéticas do desenvolvimento das suas falhas profundas. À medida que nos afastamos do equador, a direção das maiores fileiras de zonas de espalhamento desvia-se para zonas de espalhamento vizinhas de categoria semelhante, o que é explicado pela ausência ou enfraquecimento de zonas de tensão nos pólos da Terra (Fig. 26, 36).

Assim, com base no que precede, podemos dizer que o estudo das estruturas das grutas não tem merecido a devida atenção. Isto deve-se, em primeiro lugar, à falta de bases teóricas para o desenvolvimento das estruturas das grutas, às condições geotectónicas da sua origem, aos padrões de distribuição e a outras questões problemáticas relacionadas com a sua evolução.

Estas lacunas relativas à evolução da crosta terrestre e aos numerosos processos geológicos associados ao seu desenvolvimento podem ser colmatadas através da aplicação dos princípios da teoria da geodinâmica da evolução da crosta terrestre.

A aplicação dos princípios desta teoria clarificou a explicação da natureza de numerosos processos geológicos e questões genéticas relacionadas que são não só de importância científica mas também de grande importância prática.

Fundamentos teóricos bem desenvolvidos são valiosos não só em toda a investigação científica, mas também na investigação geológica e, especialmente, na elaboração de projectos de exploração. Os projectos desenvolvidos com base em construções teóricas bem fundamentadas podem trazer enormes lucros para a economia nacional. A partir desta posição, a descoberta da verdadeira natureza das estruturas de manivela pode ser usada com sucesso em construções teóricas, bem como para fins práticos.

Assim, os dados sobre a relação entre os diferentes tipos genéticos de falhas, incluindo as estruturas crannog, podem ser aplicados com sucesso para fins práticos, no domínio da prospeção e exploração, bem como na exploração de depósitos minerais.

10. MECANISMO DE FORMAÇÃO DE ESTRUTURAS A PARTIR DA POSIÇÃO DE CDESK

Anotação. Neste trabalho, as condições para a formação de diferentes tipos genéticos de formação de estruturas são dadas no aspeto genético a partir da posição do conceito de geodinâmica da evolução crustal (CDEZK). Foram identificados diferentes tipos genéticos de estruturas dobradas de montanha, incluindo deslocação, colisional e vulcanogénica, e os mecanismos da sua formação foram elucidados, bem como o papel destas estruturas na formação de depósitos minerais. A natureza de certos tipos de sistemas de dobragem de montanhas e formas da sua formação a partir da posição do KDESC, bem como o seu papel na evolução da crosta terrestre são elucidados. O papel dos processos de deslocação na formação de diferentes tipos genéticos de sistemas de dobras de rocha é clarificado.

Um grande número de trabalhos científicos (181,182,) tem sido dedicado ao problema da formação de montanhas, bem como aos seus aspectos individuais. A sua origem, mecanismos de formação, estrutura, características estruturais e muitas outras questões relacionadas com os processos de formação são amplamente discutidas. Muitos trabalhos científicos teóricos (40,42,44) foram dedicados a problemas individuais relativos à origem e à sua formação, e não é necessário apresentá-los num aspeto crítico. No entanto, é de notar que estes trabalhos cobrem amplamente muitas questões de formação de estruturas, tanto teóricas como práticas, que têm servido a ciência geológica e continuarão a servir.

Deve-se notar brevemente que estes ou outros problemas dos processos de formação de montanhas em diferentes aspectos, tanto genéticos como descritivos, foram discutidos em numerosos trabalhos científicos sobre o exemplo de estruturas de montanhas individuais do mundo (165-170,181) a partir das posições de vários conceitos geotectónicos, tanto do ponto de vista fixista como mobilista.

No entanto, a origem, o padrão de distribuição e a classificação genética destas rochas ainda não foram desenvolvidos no aspeto genético, o que constitui uma lacuna importante nos estudos geotectónicos. A nossa tarefa é preencher esta lacuna a partir da posição do KDESC.

Temos de explicar globalmente o nosso ponto de vista com a posição do CDEPC. A posição deste conceito é uma nova abordagem para resolver muitas questões fundamentais da geotectónica, incluindo os problemas da formação de montanhas.

Neste caso, constatamos que a tomada em consideração da rotação da Terra e da origem das forças geodinâmicas que lhe estão associadas, com a posição do KDEZK, constitui uma revolução na geotectónica, que é a base teórica das ciências geológicas. Esta teoria é desenvolvida com base em leis físico-químicas e mecânicas, que são enumeradas em secções separadas do presente documento(2) dedicadas a este problema. Por conseguinte, a natureza dos processos geológicos conhecidos, incluindo os processos geotectónicos, e as suas características de desenvolvimento estão perfeitamente ligados aos princípios desta teoria, o que constitui a principal vantagem deste conceito.

As estruturas geotectónicas, incluindo as estruturas montanhosas, pela sua natureza, são produtos da transformação, de uma forma ou de outra, de manifestações de processos globais e complexos geológicos associados, que são elementos importantes dos componentes da crosta terrestre.

Os processos de transformação são processos eternamente contínuos. Algumas variedades genéticas de estruturas geológicas são formadas e destruídas, e na sua base são criadas outras variedades genéticas. Este é o carácter do desenvolvimento da evolução da crosta terrestre. O mesmo curso de desenvolvimento é caraterístico das formas estruturais das estruturas montanhosas que participam na estrutura da crosta terrestre como um todo.

Na posição do KDESC, todos os processos acima referidos envolvidos na transformação da crosta terrestre ocorrem naturalmente sob a influência de forças geodinâmicas, cujas principais características são descritas nas secções relevantes deste conceito.

Sob a influência destas forças, formam-se diferentes tipos genéticos de estruturas rochosas, sendo as principais as seguintes: vulcanogénicas; de deslocação; de colisão.

A formação de tipos genéticos de estruturas montanhosas ocorre sob a influência de forças geodinâmicas. No entanto, as suas condições geotectónicas de formação, bem como os mecanismos de formação, têm um carácter diferente de desenvolvimento.

Além disso, a formação de diferentes estruturas geológicas características, independentemente da sua natureza genética, envolve os principais processos globais, o que está bem relacionado com os princípios do KDESC. Estes processos globais incluem, principalmente, movimentos globais de massas litosféricas, formação de redes de falhas globais, origem de fenómenos anómalos, processos de deslocação, etc.

Cada tipo genético de estruturas montanhosas, independentemente da sua forma de formação, está geneticamente ligado aos processos globais acima mencionados. Para estabelecer a sua génese, ou seja, as formas de formação, é necessário ter em conta uma série de circunstâncias de carácter complexo, incluindo a localização, as características estruturais, a estrutura interna, a época de formação, etc. O tipo genético de estruturas montanhosas, independentemente da sua forma de formação, está geneticamente intimamente relacionado com os processos globais acima referidos.

Origem dos tipos de estruturas rochosas vulcanogénicas.

As estruturas montanhosas de origem vulcânica têm-se desenvolvido amplamente em todas as regiões do mundo. A maioria delas tende a localizar-se ao longo de falhas profundas globais e regionais. Estas falhas profundas podem ser de diferentes tipos genéticos, o que pode ser um fator determinante na formação de estruturas vulcânicas.

São representadas principalmente por tipos divergentes, convergentes e transformados de falhas profundas de carácter de desenvolvimento global, amplamente disseminadas em todas as regiões do mundo. As maiores estruturas montanhosas do mundo de origem vulcânica estão ligadas por processos globais. E as estruturas montanhosas de nível comparativamente baixo do mundo estão naturalmente ligadas a falhas profundas de nível inferior.

Os contornos geométricos das estruturas rochosas marcadas são geralmente alongados, o que está associado ao carácter, à forma e ao grau das falhas profundas, que são canais de indução de magma. Os produtos vulcânicos estão principalmente envolvidos na formação destas estruturas. A participação de outros tipos genéticos de complexos rochosos depende principalmente das suas condições geotectónicas de formação, que ocorrem em condições continentais ou submarinas, o que é de particular importância.

Na formação das estruturas montanhosas, o principal são as condições geotectónicas da sua formação, que estão associadas à complexidade do processo caracterizado, caraterístico desta fase de desenvolvimento das condições geotectónicas de formação das estruturas montanhosas. Esta complexidade reside no facto de a natureza do desenvolvimento das condições geotectónicas depender de muitos factores, bem como dos processos que as acompanham.

Os principais são o tipo e a espessura da crosta terrestre, onde se dá a formação das estruturas montanhosas. Dentro de cada região, este processo ocorre numa forma diferente de manifestação, que está relacionada com a natureza do desenvolvimento tectónico desta região.

As características distintivas das estruturas montanhosas de origem vulcânica são o facto de as formas geométricas dos vulcões serem principalmente alongadas, o que está associado à forma e às características das falhas profundas. Por vezes, observam-se formas arredondadas de estruturas montanhosas de origem vulcânica, que podem ser formadas principalmente por duas causas:

Uma delas pode ser formada nas zonas intermédias de plataformas estáveis e, ao mesmo tempo, grandes. Um exemplo notável deste tipo são as grandes estruturas montanhosas localizadas no meio da plataforma africana do Monte Kilimanjaro.

Outras estruturas montanhosas de origem vulcânica são observadas nas intersecções de diferentes tipos genéticos de falhas profundas associadas à atividade de erupção vulcânica.

Outros traços distintivos principais das estruturas montanhosas de origem vulcânica são o facto de serem compostas principalmente por formações vulcanogénicas e de os complexos vulcânicos envolvidos na estrutura deste tipo de estruturas montanhosas, não seleccionados, não processados, em regra, preservarem a sua forma primordial de formação, no sentido mecânico, serem característicos da formação de estruturas montanhosas de origem vulcanogénica.

O acima exposto mostra que a formação de estruturas montanhosas de origem vulcânica está intimamente relacionada com as falhas profundas, que são canais de abastecimento de magma. Como já foi referido, estas são compostas principalmente por formações vulcânicas e formaram-se em cinturas vulcânicas da Terra.

Origem dos tipos de deslocação das estruturas rochosas.

Estes tipos genéticos de estruturas montanhosas estão presentes em todas as regiões do mundo. A sua origem está ligada aos processos de deslocação. A regularidade do desenvolvimento destes tipos genéticos de estruturas montanhosas está de acordo com as regularidades da história do desenvolvimento tectónico dos processos de deslocamento.

Nos processos de deslocação que ocorrem na litosfera terrestre, que se propagam sob a influência de forças geodinâmicas, cujos traços característicos, bem como os seus padrões de distribuição, são detalhados noutros trabalhos do autor (4). No entanto, aqui é necessário notar uma das principais, que são as zonas de tensão, que desempenham o papel principal na origem dos tipos de deslocação das estruturas rochosas. São formadas por processos de deslocação. Estas zonas de tensão são criadas sob a influência de forças geodinâmicas e espalham-se ao longo dos meridianos, que estão localizados principalmente perpendicularmente à direção principal das forças geodinâmicas da Terra, que têm uma direção oriental.

Para além destas, existem zonas de tensão sublatitudinal devido às forças centrífugas da Terra, mais pronunciadas, que se localizam perto das bandas equatoriais da Terra.

Simultaneamente com as acima mencionadas, existem outras direcções de forças geodinâmicas, que no hemisfério norte têm a direção sudeste e no hemisfério sul a direção nordeste. Estas forças foram formadas como resultado da relação de duas forças contrárias, que se desenvolvem nas direcções orientais, bem como dos pólos da Terra para o seu equador.

Ao longo das direcções acima mencionadas, ocorreram e estão a ocorrer por todo o lado deslocações de massas litosféricas, às quais estão associados processos de formação de cidades.

Todos estes processos de formação de cidades ocorrem em contextos geodinâmicos muito complexos, que são condicionados por relações complexas com os padrões de distribuição das forças geodinâmicas em evolução. A esfera de influência destas forças geodinâmicas está relacionada com a sua localização em relação aos pólos e equadores da Terra. Com o afastamento do equador, os processos horológicos enfraquecem, e perto dos pólos - quase ausentes, o que está associado a uma diminuição dos raios de rotação das massas litosféricas, que estão localizadas perpendicularmente ao eixo de rotação da Terra. Os processos horológicos mais intensos ocorrem em faixas latitudinais localizadas perto do equador e vice-versa.

Quanto às regularidades de localização dos sistemas de dobras de montanha, estas dependem de muitos factores, sendo os principais: a natureza e a direção das forças geodinâmicas, a localização em relação aos pólos e aos equadores, as características das massas litosféricas (espessura, estabilidade, composição material, estrutura, grau de deformação, etc.), as características de deslocação, etc.

A análise dos factores acima referidos, tendo em conta os princípios KDESC, permite-nos dizer que os sistemas de dobras de montanha de origem deslocada são os tipos mais comuns de estruturas rochosas. A sua estrutura, as características dos complexos rochosos constituintes, a composição material e mineral, a forma de formação e os parâmetros geométricos podem ser muito diversos, o que se deve à sua ocorrência generalizada.

Neste ponto, é de notar que os processos de deslocamento, bem como outros processos globais geneticamente relacionados com a geodinâmica da crosta terrestre, têm um carácter geral de desenvolvimento, que é controlado por forças geodinâmicas globais que determinam o carácter geral de desenvolvimento dos processos geotectónicos, incluindo os processos de deslocamento. Por conseguinte, os processos de deslocação, bem como outros processos geotectónicos globais, são mais fracos nos pólos da Terra do que nas faixas equatoriais da Terra.

Origem dos tipos colisionais de estruturas rochosas,

As estruturas montanhosas de tipo colisional são formadas com base em zonas móveis, que cobrem um espaço enorme, onde têm lugar vários processos geotectónicos intensivos à escala global, incluindo os de colisão.

Os processos de colisão, de acordo com os princípios do KDESC, dividem-se principalmente em processos de colisão globais gerais e processos de colisão globais entre plataformas.

Os processos colisionais globais gerais ocorrem em zonas de tensão de carácter regional e local. O carácter regional dos processos de colisão manifesta-se como deslocamentos regionais, que têm um curso comum de desenvolvimento e são difíceis de distinguir uns dos outros. Quanto à formação de tipos locais de estruturas montanhosas colisionais, também são difíceis de distinguir dos tipos de estruturas montanhosas de deslocação, que têm um curso de formação semelhante.

A origem dos tipos colisionais de estruturas montanhosas de carácter global está associada ao desenvolvimento autónomo de grandes geoblocos de carácter estável, que frequentemente, juntamente com geoblocos estáveis vizinhos, participam na formação de tipos colisionais de estruturas montanhosas.

As características específicas das estruturas montanhosas de tipo colisional dependem em grande medida da natureza do desenvolvimento dos geoblocos estáveis que estão diretamente envolvidos na sua formação.

A formação dos contornos geométricos das estruturas montanhosas de tipo colisional está relacionada com o carácter dos deslocamentos dos geoblocos estáveis que participam na formação das estruturas montanhosas de tipo colisional.

Quanto à formação de outros traços característicos das estruturas montanhosas de tipo colisão, estes podem ser extremamente diversos, tanto nos aspectos morfo-estruturais como genéticos, o que, no conjunto, pode predeterminar o aspeto estrutural e genético das estruturas montanhosas de tipo colisão.

Partindo do princípio de que as estruturas de dobras colisionais se podem formar em diferentes regiões do mundo, bem como em diferentes contextos geotectónicos, é fácil assumir que também devem diferir umas das outras, tanto no aspeto genético como nas características morfoestruturais.

A formação de estruturas montanhosas é acompanhada por uma variedade de processos mecânicos que causam a formação e a formação de uma variedade de sistemas de dobras de montanha....

A capacidade de produção de minério das estruturas rochosas do tipo colisional depende em grande parte das peculiaridades da sua estrutura interna. E, por sua vez, a estrutura interna e a formação das estruturas de dobra estão relacionadas com os processos globais e a sua atividade. Os processos geotectónicos globais são os principais factores na história do desenvolvimento tectónico de cada região.

E os processos globais em cada região ocorrem de forma autónoma. A riqueza de , no que respeita à produção de minério, está associada a características próprias.

Assim, os materiais acima referidos sobre as estruturas das montanhas mostram que a dissecação das estruturas das montanhas no aspeto genético tem um significado tanto científico como prático.

No desenvolvimento dos trabalhos de prospeção e exploração, é muito importante ter em conta os resultados da investigação científica, de um ponto de vista económico.

11. A ORIGEM DAS ERUPÇÕES VULCÂNICAS E OS SEUS PADRÕES DE DISTRIBUIÇÃO

Anotação. Este artigo explica as causas da origem da atividade vulcânica e dos sismos, e clarifica a sua relação na perspetiva do conceito de dinâmica da evolução crustal (DCE). É referido que ambos os processos estão inter-relacionados, ocorrem frequentemente de forma síncrona e, na sua origem e formação, estão diretamente envolvidos nas transformações de fases físicas e químicas intergeosféricas, nos movimentos das massas litosféricas, na formação de falhas profundas e noutros processos geotectónicos. Durante o movimento das massas litosféricas, devido às diferentes espessuras da crosta terrestre, ocorre o seu encaixotamento, que é acompanhado pela formação de falhas profundas, as quais estão associadas à ascensão de produtos magmáticos à superfície da Terra sob a forma de erupções vulcânicas, cujas manifestações mecânicas são os sismos.

Estes majestosos fenómenos da natureza, tanto as erupções vulcânicas como os sismos, ocorreram ao longo de toda a história do desenvolvimento tectónico da Terra, acompanharam-na desde o início da sua formação e acompanham-na até aos nossos dias. Ambos os fenómenos estão fortemente ligados à vida interna da Terra, ocorrendo em todas as fases do seu desenvolvimento tectónico.

A atividade vulcânica, um processo generalizado que tem sido acompanhado por tremendas erupções em muitas regiões do mundo(1-12). Os povos antigos, sem qualquer conhecimento científico, criaram numerosos mitos de carácter religioso,

Mais tarde, com o desenvolvimento do conhecimento científico, as pessoas tentaram penetrar na essência deste grande fenómeno da natureza, a fim de aprenderem a proteger-se das catástrofes. No entanto, ainda hoje, num período de rápido desenvolvimento da ciência e da tecnologia, é impossível evitar a ocorrência de fenómenos naturais como as erupções vulcânicas e os terramotos, que muitas vezes ocorrem subitamente, tornando difícil a proteção contra estes acontecimentos.

Tendo em conta o que precede, existe uma verdadeira forma de resolver este problema - descobrir as regularidades da distribuição destes grandiosos fenómenos naturais, tanto as erupções vulcânicas como os sismos. Mas, sem conhecer as causas exactas destes fenómenos naturais, é impossível criar uma teoria cientificamente sólida que possa explicar não só as regularidades da propagação destes fenómenos naturais, mas também dar a oportunidade de esclarecer outras numerosas questões problemáticas relacionadas com estes fenómenos naturais, que têm tanto significado científico como prático.

Foram desenvolvidos numerosos conceitos geotectónicos com o objetivo de criar bases científicas para ajudar a esclarecer as muitas questões discutíveis da geotectónica. Apesar disso, não existem conceitos universalmente reconhecidos entre os criados. Existem muitas lacunas e deficiências nestes conceitos.

Na nossa opinião, os principais inconvenientes destes conceitos estão relacionados com o facto de, ao criá-los, os seus autores não terem dado a devida atenção à rotação da Terra em torno do seu eixo, que está associada à origem das forças geodinâmicas. Estas forças são extremamente importantes na evolução da crosta terrestre, incluindo a formação e as condições para a formação de erupções vulcânicas e terramotos.

No conceito criado da Dinâmica da Evolução da Crosta Terrestre (ECED), este fenómeno, as forças geodinâmicas da Terra, recebe uma importância extremamente elevada. Neste sentido, durante o desenvolvimento desta teoria, todos os detalhes do desenvolvimento e evolução de todos os processos naturais, incluindo as manifestações vulcânicas e os terramotos, foram cuidadosamente analisados.

Como resultado, a análise do desenvolvimento e da evolução destes processos permitiu-nos chegar à conclusão inequívoca de que todos os processos analisados estão em perfeita concordância com a teoria desenvolvida.

Aqui deve notar-se que, apesar do facto de o autor trabalhar neste problema há cerca de quarenta anos, existem novos e novos problemas relacionados com a geologia, exigindo a sua explicação, que são resolvidos com sucesso a partir da posição dos princípios do KDEZK criado,

O presente artigo debruça-se sobre a origem dos vulcões e dos terramotos. Ambos os processos são os fenómenos mais grandiosos da natureza, que, ao contrário de outros processos naturais, são acessíveis à observação visual e são de grande interesse para todos.

Muitos processos globais estão interligados, sob a forma de reacções em cadeia, o que, por um lado, dificulta o esclarecimento da sua natureza e, por outro, permite analisá-los de forma integrada, revestindo-se de grande interesse científico e prático.

A este respeito, tomemos como exemplo três ou quatro processos globais que estão geneticamente ligados entre si.

Por exemplo, a origem da astenosfera, plumas, suturas, diapiros, etc., que, pelas suas características, podem ser atribuídos à categoria de fenómenos anómalos da natureza. Sobre a origem das forças geodinâmicas tocamos em todas as secções deste trabalho, o que é natural, porque as forças geodinâmicas são o núcleo principal no KDEZK desenvolvido, que foi criado com base na consideração do facto da rotação da Terra em torno do seu eixo, com o qual a origem das forças geodinâmicas está associada. Todos os tipos de processos geológicos, incluindo a geotectónica, ocorrem sob a influência destas forças, incluindo a deslocação das massas litosféricas, que se deve à formação da astenosfera e de outras zonas de fenómenos anómalos da Terra. A astenosfera é a fonte dos principais processos tectonomagmáticos, que está associada a muitas questões de manifestações tectónicas magmáticas. Esta categoria inclui também a formação de minérios, os processos de assimilação e diferenciação, a formação de complexos magmáticos, a divisão dos seus produtos por composição, que são de grande importância nos processos de formação de minérios.

A origem da astenosfera envolve principalmente duas geosferas da Terra: a litosfera e o manto superior. Estas camadas vizinhas da Terra, sob a influência de forças geodinâmicas, movem-se de oeste para leste, onde, devido às suas diferentes densidades, têm diferentes taxas de movimento, ou seja, as geosferas densas têm uma taxa de movimento mais elevada do que as menos densas. Em conexão com isto, formam-se deslocamentos entre as duas geosferas da Terra, que causam o processo de transformações de fases físicas e químicas, que está associado à formação da astenosfera e a outros processos anómalos. Quando as massas se deslocam, a temperatura e a pressão aumentam. Este processo abrange toda a zona intergeosférica, onde se regista um aumento da intensidade das transformações de fase físico-químicas.

É de notar que a potência das camadas astenosféricas não é uniforme em todo o lado, o que está de acordo com os princípios da KDEZK. A partir da posição desta teoria, onde as transformações de fase ocorrem intensamente e onde as transformações de fase ocorrem intensamente, as camadas astenosféricas são mais poderosas e vice-versa. Assim, as camadas astenosféricas mais poderosas formam-se sob os geoblocos móveis mais activos da crosta terrestre, e as mais pequenas sob os geoblocos mais estáveis da crosta terrestre, onde as camadas astenosféricas estão ausentes, são encravadas, o que é um fenómeno natural. Em conexão com isto, em tais locais os processos de transformações de fases físicas e químicas enfraquecem e, de acordo com isto, os processos de formação da astenosfera também são enfraquecidos e até mesmo bloqueados em alguns locais.

Em geral, a formação da astenosfera sob a litosfera desenvolve-se de forma regular, o que está bem relacionado com os princípios do KDESC. Esta regularidade consiste no facto de que, nos pólos, a astenosfera está quase ausente e, à medida que nos afastamos em direção ao equador, ela reaparece e, na zona equatorial, atinge o seu valor máximo. Esta regularidade também é observada entre as zonas móveis e estáveis da litosfera, onde também a potência da astenosfera tem o maior valor nas zonas mais móveis e o menor nas zonas mais estáveis.

A regularidade observada na distribuição dos fenómenos astenosféricos está em perfeita concordância com as regularidades de distribuição dos fenómenos vulcânicos e dos sismos.

O que precede mostra que a origem das erupções vulcânicas e dos sismos está relacionada com o carácter de desenvolvimento da astenosfera, que é a fonte dos fenómenos vulcânicos.

Como ocorrem as erupções vulcânicas e qual é o seu mecanismo?

A teoria da geodinâmica da evolução da crosta terrestre responde a esta questão com bastante segurança. Com base nesta teoria, a manifestação de erupções vulcânicas está claramente associada a falhas profundas globais. Os padrões de formação e distribuição das falhas profundas são extremamente importantes para a formação e distribuição das erupções vulcânicas na crosta terrestre. A formação de falhas profundas, que ocorrem na litosfera sólida, determina o carácter de bloco da estrutura da crosta terrestre. Por sua vez, estes blocos são delineados por diferentes tipos genéticos de falhas profundas, muitas das quais são induzidas pelo magma.

Isto deve-se ao facto de as principais falhas profundas serem partes integrantes da crosta terrestre e chegarem até ao manto e desempenharem o papel de canais de fornecimento de magma, que desempenham o papel de transportadores do excesso de energia das transformações de fase físicas e químicas no interior da litosfera sob a forma de produtos vulcânicos-plutónicos, bem como na superfície da Terra sob a forma de erupções vulcânicas. Este excesso de energia é formado nas zonas onde as falhas profundas têm uma ligação na região da astenosfera, formando-se, como resultado da dissolução da matéria na vizinhança do manto e da litosfera.

As transformações de fase físico-químicas ocorrem também entre outras geosferas da Terra, que são representadas por vários fenómenos anómalos, tais como plumas, diapiros, suturas, etc., que não participam diretamente em vários processos associados à crosta terrestre, mas afectam indiretamente o desenvolvimento dos processos astenosféricos, ou seja, aumentam a intensidade destes últimos.

Todos os processos acima mencionados são acompanhados por fenómenos físicos e mecânicos, como os sismos, que se encontram entre os fenómenos grandiosos da natureza da Terra que ocorrem diariamente em todas as suas esferas.

Na posição da KDESC, os processos vulcânicos são manifestações terrestres de transformações de fases físicas e químicas que ocorrem entre as diferentes geosferas da Terra, e os terramotos são a sua expressão física e mecânica, que ocorrem em todas as suas esferas. Esta é uma prova viva de que estes grandiosos fenómenos da natureza, tanto genética como mecanicamente, estão inter-relacionados e têm fontes de energia comuns, o que está claramente de acordo com os princípios básicos desta teoria.

Assim, com base no exposto, deve notar-se que todos os processos naturais globais, incluindo a atividade vulcânica e os terramotos, que são processos inter-relacionados. Por conseguinte, o estudo dos processos naturais exige uma abordagem abrangente para identificar as suas características numa forma inter-relacionada. Com base na análise dos fenómenos vulcânicos e dos sismos, chega-se à conclusão geral de que a sua fonte de energia é a mesma e está associada a transformações de fase físicas e químicas intergeosféricas, mas as formas da sua manifestação são diferentes, ou seja, as erupções vulcânicas são expressões físicas e químicas dessas transformações de fase, e os sismos são físicos e mecânicos, e são um fenómeno natural na evolução da crosta terrestre.

12. MARÉS, MARÉS VIVAS E SUA IMPORTÂNCIA NA EVOLUÇÃO DA CROSTA TERRESTRE

Anotação. Este artigo analisa o papel das marés e das marés vivas na evolução da crosta terrestre, a partir da posição da teoria da geodinâmica da evolução da crosta terrestre. Verifica-se que as marés, cuja formação está associada a forças externas, desempenham um papel importante na alteração do centro de gravidade da Terra. Por sua vez, a alteração do centro de gravidade provoca uma alteração da posição do seu eixo de rotação, o que afecta a natureza e a direção dos processos geotectónicos.

De acordo com a Lei da Gravitação Universal de Newton, sabe-se que as marés são fenómenos inter-relacionados e que estão relacionados com a relação da Terra e da Lua como corpos celestes, que não são negociáveis.

A nossa tarefa é esclarecer uma questão difícil para explicar a influência destes fenómenos nos processos geotectónicos globais. A partir da posição da teoria da geodinâmica da evolução da crosta terrestre. Sabe-se que as marés são processos quotidianos que têm um curso evolutivo de desenvolvimento. Isto significa que para um período de rotação da Terra em torno do seu eixo, o valor da maré e da maré muda de mínimo para máximo, que o processo adquire um carácter de desenvolvimento semelhante a uma onda. No desenvolvimento da crosta terrestre, isto não pode passar sem deixar rasto e deixa as suas marcas. É dever do investigador identificar os vestígios destas marcas e utilizá-los para fins científicos.

Uma das principais características da teoria geodinâmica da evolução da crosta terrestre é o facto de as marés e as marés vivas serem processos periódicos (Fig. 9). Estes desempenham um papel importante na alteração dos contornos geométricos da Terra e do seu centro de gravidade e eixo de rotação, o que afecta marcadamente o desenvolvimento e a evolução dos processos geológicos que ocorreram não só na crosta terrestre, mas também em todas as geosferas da Terra.

Nas construções geotectónicas existentes, criadas em diferentes períodos de desenvolvimento das ciências geológicas, não é dada a devida atenção à alteração dos parâmetros da Terra, bem como à sua rotação em torno do seu eixo, o que constitui uma das principais lacunas destes conceitos, necessitando da sua eliminação e da criação de futuros conceitos teóricos de geotectónica.

Quanto à teoria da geodinâmica da evolução da crosta terrestre, este conceito tem em conta não só os traços característicos da geometria da Terra, mas também a dinâmica da sua rotação em torno do seu eixo, que está associada à origem das forças geodinâmicas. Estas forças geodinâmicas, de facto, são as forças motrizes de todos os processos geotectónicos que ocorrem em todas as esferas da crosta terrestre, que são os princípios fundamentais da nova teoria, condicionando a elucidação das causas da origem de todos os processos geotectónicos globais.

Em secções separadas da obra, são analisados em pormenor os processos de formação das forças geodinâmicas e a sua influência no desenvolvimento dos processos geotectónicos globais. As marés e as marés estão entre os numerosos processos globais que participam no desenvolvimento e na evolução da Terra, incluindo a sua crosta.

O principal papel das marés e correntes que influenciam o desenvolvimento e a evolução da Terra é o facto de participarem regularmente nos processos internos da Terra. Os processos internos da Terra são uma fonte potencial de processos geotectónicos que ocorrem nas suas geosferas superiores.

A natureza e o desenvolvimento das marés e da ação das marés são predeterminados pela rotação da Terra, da Lua e dos seus movimentos orbitais, que estão interligados pela Lei Universal da Atração de Newton.

Não é nossa tarefa investigar a relação da Lua com a Terra. No entanto, há numerosos processos associados a estes fenómenos. Estes processos podem ser de carácter global ou regional-local. O principal deles são os processos geotectónicos, cuja participação na evolução da crosta terrestre deve ser esclarecida a partir da teoria da geodinâmica da evolução da crosta terrestre.

Os mecanismos do movimento das marés são tais que estes processos afectam não só os espaços aquáticos dos oceanos do mundo, mas também toda a vida interior da Terra. Isto significa que todos os elementos constituintes da Terra e da Lua, independentemente das suas propriedades físicas e mecânicas, participam nos processos das marés e dos movimentos das marés. Isto significa inequivocamente que no interior de todos os corpos cósmicos, incluindo a Terra e a Lua, sem exceção, há um movimento da matéria constituinte, causando a formação e manifestação de todos os tipos de processos tectónicos.

Os principais tipos genéticos de processos geotectónicos associados ao desenvolvimento da crosta terrestre têm relações complexas com processos internos da Terra, especialmente entre as transformações de fase físicas e químicas geosféricas. De facto, estas transformações de fase são a fonte dos processos geotectónicos globais da Terra que ocorreram, e estão a ocorrer, tanto dentro como fora das geosferas. Estes processos incluem erupções vulcânicas e sismos, a formação de redes de falhas globais, processos de deslocação, processos vulcano-plutónicos, processos de formação de montanhas e outros.

Uma das características importantes das marés e das marés vivas é que, nas marés baixas e nas marés vivas, o volume e as propriedades das transformações das fases físico-químicas mudam, o que afecta a natureza da manifestação e a intensidade dos processos geotectónicos. O aumento do volume das transformações das fases físico-químicas provoca a ativação dos processos geotectónicos. Neste período, observa-se a ativação da atividade vulcânica e de sismos, tsunamis e outros processos.

Aqui é necessário notar que, a partir da posição da teoria da geodinâmica, a ligação entre a evolução da crosta terrestre e os tsunamis, que é um dos fenómenos interessantes da natureza, cuja manifestação está ligada à ativação de erupções vulcânicas e terramotos, não é acidental. Também não é acidental que o fenómeno dos tsunamis ocorra, regra geral, em espaços oceânicos.

Alguns investigadores acreditam que a origem dos tsunamis está intimamente relacionada com os terramotos. O principal argumento destes investigadores é o facto de ocorrerem ao mesmo tempo. Nestes casos, surge involuntariamente uma nova questão. Então a manifestação do terramoto ocorre e com o que está relacionada? Isto sugere que, se alguns processos naturais ocorrem em paralelo, podem estar inter-relacionados. Mas é impossível afirmar inequivocamente que alguns destes processos são a causa de outros.

Tudo isto mostra que a questão das causas da origem dos tsunamis não está definitivamente resolvida.

De acordo com a teoria da geodinâmica da evolução da crosta terrestre, o tsunami, que por vezes se manifesta, caracteriza-se como um dos grandiosos processos da natureza com grande poder destrutivo. O número de catástrofes trazidas à população devido à manifestação de tsunamis é enorme. Isto deve-se ao facto de a causa da sua origem e padrões de propagação não serem claros.

As pessoas que vivem ao longo das costas dos oceanos, especialmente no Oceano Pacífico, serão mais afectadas. O tsunami destruiu numerosas povoações, incluindo grandes cidades.

De acordo com a teoria proposta, as manifestações de tsunami devido à atividade vulcânica e aos terramotos estão associadas a processos intra-terrestres, mais especificamente, a transformações de fases físicas e químicas intergeosféricas. Existem muitos dados e argumentos científicos irrefutáveis sobre este assunto.

Sabe-se que os tsunamis ocorrem quando o fundo das bacias oceânicas se eleva e, como resultado deste processo, massas de água incrivelmente grandes são arrastadas em todas as direcções, capazes de destruir tudo no seu caminho. Os investigadores costumavam acreditar que a topografia ascendente do fundo se devia a terramotos, o que não é um argumento convincente. De acordo com os princípios da teoria da evolução geodinâmica da crosta terrestre, os tsunamis, bem como as manifestações de atividade vulcânica e os terramotos, estão intimamente relacionados com transformações de fase físicas e químicas, cujas causas são fenómenos anómalos como a astenosfera, plumas, diápiros, suturas, etc., cuja origem está associada às forças geodinâmicas da Terra.

Se partirmos do princípio de que todos os processos geotectónicos estão interligados, então devemos notar uma outra circunstância importante relacionada com as fileiras dos processos que ocorreram e que é muito importante para a reflexão.

Naturalmente, em termos de escala, os pequenos processos não podem dar origem a grandes processos no sentido mecânico, o que nos leva a pensar que, no mesmo espaço, os processos interligados podem influenciar-se mutuamente, o que é muito importante quando se analisa o desenvolvimento de processos naturais interligados.

Por conseguinte, é muito importante classificar os processos que se influenciam mutuamente nas construções teóricas da contabilidade. Todos os processos relacionados com a evolução da crosta terrestre podem ser condicionalmente divididos em três categorias.

A primeira categoria inclui a rotação da Terra e as forças geodinâmicas relacionadas; a origem da astenosfera, plumas, diapiros de sutura e outros fenómenos anómalos; a formação dos continentes e oceanos; marés e maremotos, etc. A primeira categoria inclui a rotação da Terra e as forças geodinâmicas relacionadas.

A segunda categoria inclui os processos geotectónicos globais, sendo os principais: deslocações da crosta, processos vulcânicos e sismos, tsunamis, a origem das falhas profundas globais, processos de formação de montanhas, etc...

A terceira categoria inclui os processos regionais e locais, que são, de facto, componentes da primeira e da segunda categorias.

O exposto permite-nos sugerir que os tsunamis estão claramente relacionados com o sopro do relevo do fundo oceânico associado à expansão dos volumes dos produtos das transformações de fase, onde existem condições favoráveis aos tsunamis. Esta condição é representada por uma espessa camada de água e uma fina crosta oceânica, que podem participar na formação e posterior desenvolvimento de tsunamis. Ou seja, quando a topografia do fundo incha, todo o volume de água é empurrado em diferentes direcções, criando enormes correntes. Estes fluxos, no seu percurso, podem realizar várias acções destrutivas.

Assim, o mecanismo de formação e desenvolvimento do tsunami pode ser apresentado da seguinte forma. Primeiro, são activadas transformações de fase físico-químicas subcorticais. De seguida, estes processos físico-químicos provocam a expansão dos volumes dos seus produtos. Como resultado da expansão dos volumes internos, a pressão sobre a crosta terrestre aumenta, onde nas suas geosferas mais finas ocorre a dilatação do relevo, o que provoca a formação de tsunamis.

Como resultado deste processo, surge uma enorme corrente concêntrica e poderosa que empurra a água do mar em diferentes direcções. As correntes dirigidas para terra têm grande velocidade e poder destrutivo, cujas ondas, ao chegarem à costa, destroem tudo o que encontram pela frente.

Além disso, há um enfraquecimento das transformações de fase físico-químicas subcorticais da substância e ocorre o processo inverso. Nesta altura, formam-se buracos nestes locais. Além disso, há uma atenuação dos processos de transformações de fase físico-química. Este processo é acompanhado pelo desaparecimento do efeito de inchaço da crosta terrestre, nos fundos dos oceanos mundiais, que se caracterizam pela sua mobilidade, e, neste contexto, ocorre o fluxo inverso da água do mar, provocando a conclusão do processo de tsunami.

Assim, as marés, sendo um dos principais processos da Terra, estiveram e estão ativamente envolvidas na evolução da crosta terrestre, em todas as fases do seu desenvolvimento.

Do ponto de vista da teoria da geodinâmica da evolução da crosta terrestre, os tsunamis, bem como os terramotos e as erupções vulcânicas, são um dos fenómenos mais grandiosos da natureza. As suas actividades trazem muitas vezes grandes infortúnios irreparáveis e enormes danos materiais à humanidade, infelizmente, hoje em dia não sabemos como nos proteger deles.

Naturalmente, é impossível impedir estes grandiosos fenómenos naturais, mas apenas possível evitá-los. E isso só é possível com base num conceito cientificamente fundamentado de ciência da Terra.

Apesar de não haver possibilidade de nos precavermos contra este elemento e da dificuldade de prever o conhecimento destes fenómenos grandiosos da natureza, um bom conhecimento das condições de origem e do padrão de propagação destes terríveis fenómenos da natureza, o KDEZK ajudar-nos-á a aprender a protegermo-nos racionalmente deles.

Tudo isto permite-nos concluir que só é possível proteger-se contra os tsunamis conhecendo os seus padrões de propagação. Com base na teoria da geodinâmica da evolução da crosta terrestre, é possível prever as áreas de manifestação dos tsunamis e as regularidades da sua propagação. Tendo em conta o que precede, é possível proteger-se das catástrofes naturais - tsunamis.

Para o efeito, nas regiões onde se prevê a possibilidade de ocorrência de fenómenos anómalos, incluindo tsunamis, erupções vulcânicas, sismos e outros fenómenos anómalos, é necessário realizar trabalhos de investigação para a proteção contra esses fenómenos anómalos.

A direção prioritária destes trabalhos de investigação é descobrir a natureza destes processos e, naturalmente, a base para ter em conta as principais características destes fenómenos anómalos que seriam a defesa mais eficaz contra estes processos desastrosos.

De acordo com a teoria geodinâmica da evolução da crosta, as principais características incluem principalmente os seus padrões de propagação e as forças destrutivas físicas e mecânicas. Sabendo isto, é possível criar opções eficazes para a proteção contra catástrofes, tendo em conta a configuração geotectónica caraterística de cada região.

13. FORÇAS TERRESTRES DE CORIOLIS E SEU SIGNIFICADO NA EVOLUÇÃO DA CROSTA TERRESTRE

Anotação. Este artigo explica a importância das forças de Coriolis na evolução da crosta terrestre a partir da posição da geodinâmica da evolução da crosta terrestre. É referido que na criação da teoria da geodinâmica da crusta terrestre e dos seus princípios básicos, a importância das forças de Coriolis é inestimável e o surgimento da ideia da própria teoria está ligado às forças de Coriolis. A origem da astenosfera, das falhas profundas, da deslocação, etc. está intimamente ligada às forças de Coriolis. A mistura mais importante entre geosferas está ligada a estas forças, que predeterminam a origem de fenómenos anómalos, a formação de falhas globais, a formação e o desenvolvimento de processos vulcânico-plutónicos, etc. A mistura mais importante entre geosferas está ligada a estas forças.

Ao criar a teoria da geodinâmica da crosta terrestre e ao destacar os seus princípios básicos, a importância das forças de Coriolis é inestimável. Durante o desenvolvimento desta teoria foi necessário analisar muitos factos autênticos e processos naturais, bem como todas as regras e leis físico-mecânicas, para descobrir se estão ou não relacionados com os princípios da teoria desenvolvida, incluindo as forças de Coriolis.

A propósito, é também oportuno dizer aqui que o preço de cada construção teórica, incluindo teorias e conceitos, é avaliado através da sua ligação a outras leis e regras, ou existem contradições entre elas?

Quanto às construções relativamente teóricas da inclinação geotectónica, o seu valor também é medido por esta regra, o que é aceitável.

Com base na descoberta das forças de Coriolis, assume-se que, se se estabelecem deslocações entre a água (no sentido geológico, hidrosfera) e a superfície da litosfera (litosfera), então estas deslocações, a partir da posição de KDEZK, devem ocorrer entre todas as geosferas da Terra. Então estas deslocações estão associadas a forças geodinâmicas que se desenvolvem em direcções sublatitudinais.

Este processo ocorre provavelmente não só nas margens dos rios, mas também nas margens das bacias hidrográficas. Infelizmente, não dispomos de tais dados e necessitamos de estudos experimentais nas margens das bacias hidrográficas, em resultado dos quais o efeito das forças de Coriolis pode ser estabelecido nestas áreas, que são importantes para o desenvolvimento de conceitos científicos das Ciências da Terra.

Este facto mostra que se o deslocamento entre a litosfera e a hidrosfera se estabelece à superfície, então este facto é inerente às outras geosferas da Terra. A presença deste facto, ou seja, o estabelecimento do efeito da força de Coriolis, foi amplamente utilizado por nós durante a construção da teoria da geodinâmica da evolução da crosta terrestre.

Este facto mostra que a origem da astenosfera está relacionada com a rotação da Terra. Durante a rotação da Terra em torno do seu eixo, ocorrem deslocações de massa entre o manto líquido e a litosfera sólida. Neste momento, ocorrem intensas transformações de fase físicas e químicas da matéria em todas as zonas de junção da litosfera e do manto superior, dando origem a fenómenos anómalos como astenosferas, plumas, sutuks, diapiros, etc., que são as principais causas da rotação da Terra.

Neste contexto, podemos dizer que a astenosfera não é uma geosfera independente da Terra, mas apenas uma zona de transformações de fases físicas e químicas que alimentam os processos vulcânico-plutónicos. Isto é ainda mais evidenciado pelo facto de, com base em estudos geofísicos, ter sido estabelecido que a astenosfera está encravada sob a grande e simultaneamente poderosa crosta continental, mesmo ao longo da crosta continental estável, e em alguns locais está ausente. Por conseguinte, nestas zonas, as transformações físico-químicas da matéria ocorrem fracamente ou estão ausentes. A análise dos dados da literatura mostra inequivocamente que onde os processos geológicos ocorrem fracamente, a atividade das transformações de fase físico-químicas é improvável, incluindo nos pólos da Terra.

Se ocorrem transformações de fase físicas e químicas entre o manto e a litosfera, então, naturalmente, tais processos ocorrem entre outras geosferas da Terra. No entanto, a intensidade destes processos diminui proporcionalmente à diminuição dos raios da Terra, o que é consistente com o facto de que, com a diminuição dos raios da Terra, o efeito da alteração da taxa de rotação das massas da Terra também diminui.

A partir da posição do KDESC, assume-se que as transformações de fase físicas e químicas ocorrem entre todas as geosferas da Terra, exceto a litosfera e a geosfera. Incluindo entre o manto e o manto inferior, entre o manto inferior e o superior, finalmente entre o manto superior e a litosfera, e entre a litosfera e a atmosfera.

Os processos do tipo das transformações de fase físicas e químicas da matéria que ocorrem entre as geosferas da Terra não têm o mesmo carácter em todo o lado. Ocorrem mais intensamente entre o manto superior e a litosfera, e entre as outras geosferas não se podem manifestar ativamente, porque estão sob grande pressão, que potencialmente existe aí e que com certeza participa ativamente na evolução dos processos intra-terrestres.

Quanto à evolução da astenosfera, que é um produto das transformações de fase físico-químicas da matéria entre o manto superior e a litosfera, esta desempenhou e continua a desempenhar um papel importante na formação e desenvolvimento dos processos geotectónicos. Isto deve-se ao facto de a astenosfera cobrir uma parte significativa da base da litosfera, onde a matéria se está a desintegrar. Por conseguinte, as falhas profundas formadas por processos de deslocação penetram no manto superior, onde a atividade dos processos físicos e químicos aumenta dezenas e milhares de vezes devido à diminuição da pressão no manto superior. Além disso, estes processos são acompanhados por um aumento do volume dos produtos. Ou seja, há uma descompactação da substância do manto superior e uma assimilação parcial dos produtos da litosfera inferior. Em ligação com estas circunstâncias, o volume da substância dos produtos que sofrem transformações de fase físicas e químicas aumenta catastroficamente e entre o manto e a litosfera são produzidas energias colossais que contribuem para ultrapassar dezenas de quilómetros da crosta terrestre. Isto favorece a superação das cargas litosféricas. Por conseguinte, as substâncias subcrustais ao longo das falhas profundas tendem a penetrar na zona da litosfera sob a forma de produtos magmáticos, que determinam ainda mais o desenvolvimento dos processos vulcano-plutónicos e dos processos de assimilação, diferenciação e contaminação conexos.

Algumas partes destes produtos atingem a superfície da Terra sob a forma de erupções vulcânicas, e as restantes distribuem-se nas zonas interiores da litosfera, sob a forma de formações intrusivas e subvulcânicas, com as quais a formação e a formação de diferentes tipos genéticos de formação de minério endógeno são predeterminadas.

A partir da posição do conceito da dinâmica da evolução da crosta terrestre, entre os processos físicos e químicos geosféricos que não estão diretamente relacionados com a litosfera da Terra não podem penetrar diretamente na zona litosférica, mas participam apenas na ativação da astenosfera. Estes processos, sob a forma de plumas e suturas, surgem de diferentes partes da Terra, que, por sua vez, apoiam a ativação de processos vulcanoplutónicos que ocorrem na zona da astenosfera.

Se tivermos em conta que as forças de Coriolis estão envolvidas na formação da astenosfera, bem como noutros fenómenos anómalos, então não é difícil assumir que desempenham um papel importante na formação de muitos processos naturais, incluindo tectonomagmáticos, vulcanoplutónicos, falhas profundas e muitos outros processos.

O que precede mostra claramente que o papel das forças de Coriolis na evolução da crosta terrestre é de grande importância e que muitos processos geológicos ocorrem diretamente sob a influência das forças de Coriolis. Estes processos incluem a origem de fenómenos anómalos, que estão associados a processos vulcânico-plutónicos, que estão associados a numerosos processos endógenos; processos de deslocação, que predeterminam a formação de sistemas de dobras de montanhas, etc.; o movimento de massas litosféricas, que causam a criação de diferentes tipos de zonas de tensão - zonas divergentes e convergentes, etc., que desempenham indubitavelmente um papel importante na evolução da crosta terrestre.

14. ORIGEM DAS FALHAS DE TRANSFORMAÇÃO E SEUS PADRÕES DE DISTRIBUIÇÃO

Anotação. Este trabalho elucida as causas de origem e as regularidades de formação das falhas transformantes globais na perspetiva do conceito de evolução geodinâmica crustal da crosta terrestre (CDEZC). Verifica-se que, na posição desta teoria, as falhas profundas transformantes, em regra, estão sempre localizadas subperpendicularmente às falhas divergentes e convergentes e a sua origem está associada a diferentes tipos de deslocamentos. Os tipos globais destes deslocamentos, em regra, desenvolvem-se sempre em direcções sublatitudinais e estão claramente ligados ao desenvolvimento de forças geodinâmicas.

Numerosos trabalhos, tanto de carácter científico como prático, têm sido dedicados ao estudo das falhas de transformação. Muitos problemas fundamentais das falhas transformadas foram discutidos, com exemplos de diferentes regiões características do mundo (40-42). Não é nosso objetivo analisar os resultados de trabalhos científicos dedicados a várias questões de falhas transformadas, que são amplamente discutidas na literatura geológica (1-10,176,181).

O nosso objetivo é analisar as principais características das falhas de transformação no aspeto genético, a partir da posição da teoria da evolução geodinâmica da crosta terrestre. Isto inclui principalmente a sua origem, padrões de distribuição e o seu papel na formação e modelação de depósitos minerais.

É muito importante notar, desde já, que as falhas transformantes estão entre as principais partes constituintes das redes globais de falhas da crosta terrestre. Este facto sugere que as falhas transformantes estão entre os principais elementos da crosta terrestre que estão envolvidos na sua evolução. A origem das falhas transformantes está relacionada com deslocações globais de massas litosféricas. Segundo a posição do KDESC, durante as deslocações globais, todo o invólucro sólido da Terra sofre deslocações em todo o lado e estas deslocações têm um carácter diferencial de desenvolvimento, que está intimamente relacionado com as regularidades do desenvolvimento das forças geodinâmicas (ver Fig.2).

Nesta altura, as massas litosféricas têm diferentes capacidades e, consequentemente, diferentes velocidades de movimento. Neste sentido, sob a influência de forças geodinâmicas, são criadas diferentes zonas de tensão, provocando a destruição da crosta terrestre. Por conseguinte, a crosta terrestre é sujeita a deformações e, em geral, desmembrada em diferentes massas e geoblocos da Terra com diferentes capacidades.

A formação destes geoblocos é acompanhada por diferentes tipos genéticos de falhas profundas, que desempenham diferentes funções na evolução da crosta terrestre. Estas falhas profundas propagam-se principalmente em direcções submeridionais ou sublatitudinais. Estão geralmente sempre localizadas, paralelas ou subperpendiculares umas às outras. O ponto principal é o facto de delimitarem geoblocos. As partes principais destas falhas profundas são falhas de passagem do manto.

Estas falhas profundas são classificadas principalmente em três tipos genéticos: divergentes, convergentes e transformadas (H). Os dois primeiros, no momento da formação, têm direção submeridional, e o último tem direção sublatitudinal, o que é bastante natural e está de acordo com a teoria desenvolvida, bem como com as leis de desenvolvimento das forças geodinâmicas.

As falhas profundas de tipo divergente e convergente caracterizam-se pelo facto de se terem formado em zonas de compressão (subducção) ou de extensão (espalhamento ou rifting). Quanto à formação das falhas transformantes, estas formaram-se em zonas de cisalhamento. A sua origem é inequivocamente atribuída a vários cisalhamentos, sendo os principais os planetários, que se formam entre massas litosféricas em movimento ao longo da crosta terrestre (41,176,181).

Como regra, as falhas profundas transformadas são traçadas entre grandes escalões móveis da crosta terrestre, que, sob a influência de forças geodinâmicas globais, se movem de oeste para leste ou dos pólos para o equador (Fig. 4). Além disso, existem outras direcções de movimento das massas litosféricas de carácter local de desenvolvimento, o que se explica pelo desenvolvimento autónomo de geoblocos individuais da crosta terrestre.

Além disso, as falhas de transformação podem formar-se entre grandes geoblocos de tipo continental, que também se formam em zonas de cisalhamento. Estas falhas de transformação têm frequentemente um curso de desenvolvimento autónomo caraterístico de grandes geoblocos estáveis.

A formação de falhas de transformação ocorre durante o movimento das massas litosféricas. Nesta altura, é criado um complexo quadro de tensões em toda a superfície da Terra, que é aliviado pela formação de falhas profundas, incluindo falhas de transformação, tais como falhas de cisalhamento, separando diferentes geoblocos da crosta terrestre.

Uma caraterística das falhas de transformação globais é o facto de estarem localizadas paralelamente umas às outras em todo o lado, independentemente da sua posição e localização. Isto mostra que a origem das partes principais das falhas de transformação está ligada a deslocamentos sublatitudinais formados entre diferentes escalões de velocidade das massas litosféricas, o que indica que a velocidade das massas em movimento depende não só da sua espessura, mas também da sua localização em relação aos pólos da Terra e ao seu equador.

As falhas de transformação no aspeto genético, a partir da posição do KDESC, são divididas em dois tipos genéticos: global-regional e local (4144).

As falhas de transformação de tipo global-regional, como já foi referido, estão sempre localizadas paralelamente umas às outras, enquanto as falhas de transformação de tipo genético local se desenvolvem autonomamente entre geoblocos. Independentemente das falhas de transformação globais, estas podem desenvolver-se numa grande variedade de condições geotectónicas.

Note-se que, independentemente da sua classificação, as falhas transformantes são convencionalmente divididas em globais e regionais, não sendo possível distingui-las umas das outras pela sua génese. Isto deve-se ao facto de a natureza da sua formação ser controlada por processos globais gerais, exceto no caso das falhas transformantes que estão geneticamente relacionadas com falhas colisionais 93

processos, cuja formação tem um carácter local de desenvolvimento.

No que diz respeito à classificação das falhas de transformação, trata-se apenas de uma divisão condicional das falhas de transformação por tamanho, em que a primeira categoria inclui as falhas de transformação globais. As suas dimensões são medidas em milhares de quilómetros, as falhas de transformação profundas localizadas nos oceanos Pacífico, Atlântico e Índico, como foi dito acima, estendem-se por vezes de um extremo ao outro do continente (Fig. 20). A deslocação em si, pela sua natureza, é um processo muito complexo, mas, ao mesmo tempo, é um fenómeno interessante que está ativamente envolvido na história do desenvolvimento da crosta terrestre.

Entre estas falhas profundas globais existem falhas relativamente superficiais, de transformação regional, que têm condições de formação comuns com as falhas globais, muitas vezes rastreáveis durante 1,5 km ou mais.

Quanto à formação de tipos locais de falhas profundas transformadas, são os tipos genéticos mais difundidos, que se observam em todos os tipos genéticos de blocos geológicos. A sua formação está intimamente relacionada com a especificidade do mecanismo de deslocação de certos tipos de blocos geológicos.

A propagação de falhas transformantes ocorre naturalmente com as regras gerais de desenvolvimento da evolução da crosta terrestre. Este facto está relacionado com as regularidades de propagação das forças geodinâmicas. Neste sentido, observa-se também uma certa regularidade na propagação das falhas transformantes.

A principal regularidade é o facto de estarem localizadas numa determinada ordem em relação aos pólos e aos equadores. As maiores falhas de transformação estão localizadas perto das faixas latitudinais do equador e, à medida que se afastam do equador, o seu tamanho diminui gradualmente, o que está de acordo com o desenvolvimento de forças geodinâmicas associadas à rotação da Terra.

Os principais tipos genéticos de falhas profundas, incluindo as falhas profundas transformantes, estão ausentes nos pólos. As falhas profundas atualmente observadas localizadas nos pólos da Terra formaram-se noutras fases do desenvolvimento da crosta terrestre. Estes factos indicam que a formação de falhas profundas está intimamente relacionada com forças geodinâmicas.

Do ponto de vista da teoria da geodinâmica da evolução da crosta terrestre, todas as falhas profundas globais, incluindo as falhas de transformação, são canais de fornecimento de magma, que estão ativamente envolvidos na formação de processos vulcanoplutónicos, aos quais estão associados minerais endógenos.

Muitas vezes, as erupções vulcânicas ocorrem ao longo de falhas de transformação, indicando que estão associadas à astenosfera.

Tudo isto confirma claramente que a origem das falhas de transformação está geneticamente relacionada com as forças geodinâmicas da Terra. E as suas regularidades de desenvolvimento e propagação ocorrem em conjunto com outros processos globais, tais como processos de deslocação, formação de redes globais de falhas profundas, etc. Todos estes processos globais estão interligados e perfeitamente ligados aos princípios das forças geodinâmicas da Terra. Todos estes processos globais estão interligados e perfeitamente ligados aos princípios da teoria da geodinâmica da evolução da crosta terrestre.

Assim, as falhas transformantes são os tipos mais comuns de falhas profundas que desempenham um papel essencial na evolução da crosta terrestre. As falhas transformantes são excecionalmente bem definidas nas bacias oceânicas (Fig.), onde são bem observadas em diferentes regiões do mundo. Quanto à sua distribuição em terra, de acordo com o conceito proposto, a regularidade da sua distribuição também é preservada. No entanto, devido ao facto de os continentes serem as zonas mais estáveis da crosta terrestre, não se caracterizam por uma grande distribuição de falhas transformantes.

15. A ROTAÇÃO DA TERRA E O SEU SIGNIFICADO NA EVOLUÇÃO DA CROSTA TERRESTRE

Anotação. Este artigo analisa o significado da rotação da Terra na evolução da crosta terrestre. Verifica-se que na evolução da crosta terrestre, a rotação da Terra é de grande importância, pois está associada à origem das forças geodinâmicas da Terra, que participam ativamente na formação e constituição de todos os processos geotectónicos, aos quais está associada a evolução da crosta terrestre. Todos os processos geotectónicos de maior dimensão, como o movimento das massas litosféricas, os processos vulcanoplutónicos, a formação de processos anómalos como a astenosfera. plumas, diapiros, pontos quentes, sismos, tsunamis, etc. ocorrem sob a influência das forças geodinâmicas. Tudo isto sugere que a evolução da crosta terrestre, em geral, ocorre sob a influência de forças geodinâmicas, diretamente relacionadas com a rotação da Terra.

Anteriormente, nas construções geotectónicas, não se dava a devida atenção à importância da rotação da Terra. A este respeito, havia muitas lacunas e deficiências nas construções geotectónicas, o que criou certas dificuldades na explicação das causas da origem de muitos processos geotectónicos, tanto de carácter global como regional-local de desenvolvimento.

Na posição do KDESC, as razões para estas deficiências e lacunas estavam relacionadas com o facto de não se ter tido em conta a rotação da Terra. No desenvolvimento de novas construções teóricas da geotectónica, ter em conta a rotação da Terra é necessário, pois dá a oportunidade de esclarecer as causas de origem e as condições de formação de muitos processos geotectónicos, tais como o movimento das massas litosféricas, a origem de processos anómalos, com o que estão diretamente relacionados com a formação de processos vulcânico-plutónicos, etc....

Acumularam-se muitos factos e materiais fiáveis, com base nos quais foi possível construir um conceito maduro que poderia tornar-se a base fundamental da ciência geológica. Estes factos incluem os seguintes: a deslocação dos continentes foi estabelecida; foi inequivocamente estabelecido que existe uma mudança nas distâncias entre pontos individuais da Terra; a crosta terrestre foi dissecada em zonas estáveis e móveis; foi reconhecida a presença das forças de Coriolis; foram reveladas as regularidades da distribuição das erupções vulcânicas e dos terramotos na crosta terrestre; foi revelada a distribuição das falhas profundas; foram estudadas as características morfo-estruturais do fundo dos oceanos do mundo; foram estudadas as regularidades da distribuição das estruturas de dobragem; as regularidades da distribuição das estruturas geodinâmicas

Ao desenvolver o conceito de geodinâmica da evolução da crosta terrestre (CDEZK), foram tidos em conta os factos acima referidos, bem como leis e regras bem conhecidas da física e da mecânica, ajudando a descobrir se existem ou não contradições entre eles. Verificou-se que o conceito criado está bem relacionado com os factos acima referidos, bem como com as leis da física e da mecânica.

A teoria da geodinâmica da evolução da crosta terrestre, ao contrário das teorias e conceitos anteriores, permite esclarecer muitas questões problemáticas da geologia, nomeadamente as verdadeiras causas da origem das falhas profundas e as regularidades da sua distribuição no aspeto genético, a origem das erupções vulcânicas e dos sismos, a formação dos processos vulcano-plutónicos, etc. A teoria da geodinâmica da evolução da crosta terrestre, ao contrário das teorias e conceitos anteriores, permite esclarecer muitas questões problemáticas da geologia.

A teoria apresentada foi criada com base na rotação da Terra, na qual nascem as forças geodinâmicas, que são essencialmente as forças motrizes de todos os principais processos geotectónicos. Durante a construção das anteriores construções teóricas não foi dada a devida atenção à importância deste processo, pelo que, segundo as posições do KDESC, as principais lacunas das disposições teóricas existentes estão relacionadas com a não consideração da rotação da Terra e, relacionada com ela, com a origem das forças geodinâmicas, com as quais a origem e a formação de numerosos processos geotectónicos estão ligadas.

Por conseguinte, as teorias e os conceitos anteriores não são claros na resolução de muitas questões problemáticas que têm sido objeto de debates animados entre os especialistas. Tais problemas incluem problemas como as causas do movimento das massas litosféricas; a origem da astenosfera; problemas da origem das redes de falhas profundas e regularidades da sua distribuição e formas da sua evolução; a formação de processos vulcânicos-plutónicos e, relacionados com eles, as manifestações de erupções vulcânicas e terramotos; as fontes das forças que participam na formação de transformações metamórficas; as causas da formação de zonas de tensão na face da Terra; a formação das regularidades da localização do local dos terramotos da Terra; a formação da superfície da Terra; e a formação da crosta terrestre.

Tentaremos dar características genéticas gerais de uma série de processos geológicos com base na teoria proposta. Incluindo o problema da formação de falhas profundas globais e as regularidades da sua distribuição na crosta terrestre, daremos classificações a partir da posição deste conceito.

De acordo com a posição de KDEZK, todas as forças motrizes dos processos geológicos estão geneticamente ligadas à rotação da Terra. Como se afirma nesta teoria (42), a rotação da Terra dá origem a forças geodinâmicas, que se distribuem na face da Terra de forma regular e sob a influência das quais as massas litosféricas se movem e, ao mesmo tempo, a litosfera como um todo sofre deformações acompanhadas pela formação de vários tipos genéticos de falhas profundas.

As massas litosféricas deslocam-se de oeste para leste e dos pólos da Terra para o seu equador. No entanto, as forças tangenciais resultantes das relações entre as forças geodinâmicas acima referidas complicam o carácter do movimento das massas litosféricas. Além disso, devido ao facto de a espessura da crosta terrestre sólida ser desigual, existe uma velocidade diferencial de movimento das massas litosféricas. Em conjunto, muitos processos geotectónicos, como a origem de diferentes tipos genéticos de falhas profundas, processos metamórficos, criação de zonas de tensão, etc., estão associados ao carácter diferencial do deslocamento das massas litosféricas.

Devido a estas condições geotectónicas, as massas litosféricas movem-se por toda a parte num padrão escalonado. (Fig.4). Em ligação com este facto, ocorrem vários cisalhamentos, causando a formação de diferentes tipos de falhas profundas, incluindo falhas de transformação. Simultaneamente, com as deslocações das massas litosféricas, dá-se a formação de estruturas complexas da crosta terrestre que se deformam em diferentes geoblocos característicos e diferentemente classificados. Aqui notamos que a crosta terrestre está dividida em geoblocos, que determinam os contornos geométricos e as espessuras da crosta terrestre, que estão relacionados com a natureza da dinâmica das massas em movimento.

Existe uma certa regularidade entre a espessura e a espessura dos blocos formados, ou seja, a espessura dos blocos recém-formados da crosta terrestre tem uma correlação direta com os contornos geológicos sujeitos a deformação.

Durante a rotação da Terra, as forças geodinâmicas provocam a formação de diferentes zonas características de compressão e alongamento, tanto na direção do subescudo como na direção submeridional da Terra, também associadas ao movimento das massas litosféricas (Fig. 4). Em regra, os processos de subducção são traçados em zonas de compressão crustal, enquanto os processos de espalhamento e rifting se desenvolvem em zonas de tensão. Além disso, sob a influência das forças centrífugas da Terra, são geradas tensões do tipo compressão em direcções sublatitudinais, tanto no hemisfério norte como no hemisfério sul, originando falhas de transformação.

Tudo o que precede mostra que as principais forças motrizes dos processos geotectónicos globais são forças geodinâmicas. Estes processos geotectónicos incluem a formação de fenómenos anómalos (astenosferas, plumas, suturas, diapires, pontos quentes, etc.), a formação de redes de falhas globais, a deslocação de massas litosféricas, a formação de estruturas dobradas de diferentes tipos genéticos, erupções vulcânicas e sismos, tsunamis e outros. Todos estes processos, a sua origem e condições geotectónicas de formação, ocorrem diretamente sob a influência de forças geodinâmicas. Infelizmente, estes factores e uma série de outros factores não foram tidos em conta nos conceitos geotectónicos anteriores. E isso contribuiu para uma série de equívocos na explicação das verdadeiras causas da formação e dos padrões de distribuição dos processos geotectónicos acima referidos.

Assim, o que precede confirma claramente que as forças geodinâmicas são a principal fonte de energia de todos os processos geotectónicos causados pela rotação da Terra.

Um dos processos grandiosos acima mencionados é a deslocação das massas litosféricas, que está envolvida em transformações geológicas e tectónicas. Os processos de deslocação ocorrem em todas as esferas da crosta terrestre e são de natureza diferencial. E a própria deslocação, pela sua natureza, é um processo muito complexo, ao mesmo tempo que é um fenómeno interessante que participa ativamente na história do desenvolvimento da crosta terrestre. O seu desenvolvimento mais intensivo é observado nas faixas quase latitudinais da Terra. A este fenómeno estão associados numerosos processos geotectónicos importantes, como a formação e o espalhamento de grandes descontinuidades na crosta terrestre, bem como a formação de sistemas de dobras de montanhas e muitos outros processos geotectónicos.

Estes processos incluem vários tipos genéticos de processos de formação de montanhas, incluindo a formação e a formação de estruturas montanhosas de tipo deslocado e vulcanogénico; a formação de vários tipos genéticos de falhas profundas; a origem de erupções vulcânicas e terramotos; o desmembramento da crosta terrestre; a formação e os padrões de distribuição dos processos metamórficos; a formação de zonas divergentes e convergentes e a propagação, subducção, rifting, ostroduzhny e muitos outros processos associados; e a formação de zonas divergentes e convergentes.

Tudo isto sugere que as forças geodinâmicas são as principais forças motrizes dos processos geotectónicos na crosta terrestre. Com base na teoria da evolução geodinâmica da crosta terrestre, é possível descobrir as características de muitos processos geotectónicos no aspeto genético. De acordo com esta teoria, todos os processos naturais, incluindo os processos geotectónicos, estão interligados. São regidos por leis físicas e mecânicas gerais e caracterizam-se por aspectos gerais e específicos, o que é caraterístico de todos os fenómenos naturais. Por exemplo, a partir da posição do KDESC, há um deslocamento de massas entre geosferas adjacentes, que provocam algumas transformações de fase físico-químicas que condicionam a formação da astenosfera, à qual estão associados os principais processos endógenos. Este complexo processo ocorre entre as zonas sólidas da Terra, e é acompanhado por transformações de fase físico-químicas, provocando a formação de fenómenos anómalos, como a astenosfera, plumas, diapiros, suturas, pontos quentes, etc... E o mesmo não se pode dizer dos processos que ocorrem entre geosferas, como a atmosfera, a hidrosfera e outras geosferas da Terra, entre as quais ocorrem fenómenos de outro tipo, o que é natural a partir da posição da teoria da geodinâmica da evolução da crosta terrestre.

16. ORIGEM E CONDIÇÕES DE FORMAÇÃO DAS ZONAS DIVERGENTES E CONVERGENTES E SEUS PADRÕES DE DISTRIBUIÇÃO

Anotação. Este trabalho analisa a importância da rotação da Terra na evolução da crosta terrestre. Constata-se que na sua evolução, a rotação da Terra é de grande importância, pois a origem das forças geodinâmicas da Terra, estão relacionadas com as suas rotações, as quais estão envolvidas na formação e constituição de todos os processos geotectónicos, com os quais a evolução da crosta terrestre está relacionada. Afirma-se inequivocamente que todos os processos geotectónicos ocorrem sob a influência de forças geodinâmicas. Todos os grandes processos geotectónicos, como o movimento das massas litosféricas, os processos vulcanoplutónicos, a formação de processos anómalos como a astenosfera, as plumas, os diapiros, os pontos quentes, os sismos, os tsunamis, etc., ocorrem sob a influência de forças geodinâmicas. Tudo isto sugere que na evolução da crosta terrestre, em geral, ocorrem sob a influência de forças geodinâmicas que estão diretamente relacionadas com a rotação da Terra.

De acordo com a teoria geodinâmica da evolução da crosta terrestre, a origem das zonas divergentes e convergentes está associada às forças geodinâmicas da Terra. Sob a influência das forças geodinâmicas, as massas litosféricas sofrem deslocações. Como resultado da deslocação, formam-se zonas de compressão e de alongamento na direção meridional e, na direção latitudinal, formam-se falhas de transformação. O mecanismo de formação destes processos ocorre num ambiente geotectónico complexo. Esta complexidade é explicada da seguinte forma.

Ao mesmo tempo, há deslocamentos de massas litosféricas na direção leste, bem como dos pólos da Terra para o seu equador. As inter-relações destas direcções criam forças tangenciais, que têm uma direção sudeste no hemisfério norte e uma direção nordeste no hemisfério sul. Além disso, as velocidades das direcções destas forças também são diferentes, o que está relacionado com o carácter diferencial da potência das massas em movimento, que é causado, por sua vez, pelo carácter diferencial das velocidades das massas litosféricas em movimento, o que é natural de acordo com as leis da Isostasia. Uma vez que, de acordo com a lei da Isostasia, existe uma dependência definida entre a potência e a velocidade, que se expressa no facto de as massas litosféricas mais poderosas se moverem comparativamente menos do que as de baixa potência

Face ao exposto, com base nos princípios da teoria da geodinâmica da evolução da crosta terrestre, consideramos que, durante o movimento das massas litosféricas, estas estão sujeitas ao desmembramento de escalões, que apresentam diferentes velocidades de movimento, provocando a formação de cisalhamentos descontínuos entre si, como é o caso das falhas profundas.

Estas falhas profundas tendem a formar-se tanto em zonas de tração como em zonas de compressão (Fig.), que têm diferentes tipos de características.

As principais características distintivas são o facto de alguns se formarem em zonas de divergência e outros em zonas de convergência.

As falhas profundas divergentes são os tipos genéticos mais comuns de falhas profundas que abrangem toda a zona de extensão da crosta.

A formação e o mecanismo do movimento das massas litosféricas estão relacionados com as forças geodinâmicas da Terra. Sob a influência destas forças, toda a crosta terrestre sofre deslocamentos ao longo da direção leste, bem como dos pólos da Terra para o seu equador, que estão relacionados com a rotação da Terra.

A crosta terrestre, de acordo com as leis da isostasia, consoante a sua espessura no manto superior, afunda-se de forma diferenciada. A crosta com maior espessura penetra mais profundamente no manto. Neste contexto, tornar-se-á menos estável, o que complica a sua velocidade de movimento no manto superior, e a crosta de menor espessura, pelo contrário, tem uma velocidade de movimento relativamente maior, o que predetermina o carácter diferencial do movimento das massas litosféricas no manto superior.

Por sua vez, o carácter diferencial do movimento das massas litosféricas, incluindo a crosta terrestre, provoca a formação de zonas de compressão e de tensão na direção meridional, que alternam entre si na direção latitudinal (Fig. 3).

As zonas divergentes na crosta terrestre manifestam-se como zonas de espalhamento (Fig.29,36) e de rifting (Fig.37).

Como se pode ver na figura, as estruturas de espalhamento são zonas de estiramento, representadas por falhas globais de super-grau que se situam na direção meridional e estão amplamente desenvolvidas em faixas equatoriais no interior das bacias oceânicas. Isto é claramente visível nos mapas morfo-estruturais dos fundos das bacias dos oceanos Atlântico, Pacífico e Índico, onde estas estruturas localizadas meridionalmente são intersectadas em todo o lado por falhas de transformação, que por sua vez alternam entre si na direção meridional.

A caraterística destas falhas transformantes é que algumas delas, sendo falhas globais de primeira ordem, podem ser traçadas com um comprimento de vários milhares de quilómetros (Fig.), que, de acordo com o conceito proposto, vão desde os limites de um continente até ao limite de outro, penetrando frequentemente no interior dos continentes.

Entre as falhas profundas descritas existem dezenas de falhas profundas, relativamente pouco profundas, de tipo transformante, que correspondem à regional em termos de classificação. Caracterizam-se por manifestações vulcânicas fracas ou ausentes.

O carácter tortuoso das zonas de espalhamento, ou seja, as falhas profundas divergentes, são formadas sob a influência ativa de falhas transformadas, que, dependendo da natureza das velocidades das massas litosféricas em movimento, onde a velocidade de movimento ao longo das zonas de espalhamento tem um carácter diferencial (Fig. 4). A velocidade de deslocação ao longo das zonas de expansão é claramente observada nos mapas morfoestruturais do fundo oceânico. A figura mostra que a maior parte das falhas profundas transformadas globais estão localizadas perto das faixas latitudinais equatoriais e, à medida que nos afastamos do equador para os pólos, a grossura das falhas transformadas diminui, e nas faixas mais fracas elas enfraquecem, e nos próprios pólos elas estão quase ausentes, o que concorda bem com os princípios da teoria proposta e os princípios do mecanismo de rotação da Terra.

As falhas divergentes, cujas características são descritas acima, são geralmente observadas não apenas nas bacias oceânicas, mas também em todas as regiões do mundo. E elas se manifestam mais intensamente nas proximidades das bacias oceânicas 103

bandas equatoriais. A elucidação da sua causa de formação é dada na secção sobre padrões de propagação de falhas profundas.

No entanto, as características de muitas estruturas geológicas de natureza descontínua podem ser estudadas em zonas de bacias oceânicas com base em mapas geomorfológicos do fundo oceânico.

Isto deve-se ao facto de, nas bacias oceânicas, as principais características da formação de estruturas e o seu aspeto geomorfológico estarem bem preservados e não terem sido sujeitos a desnudação, o que é muito importante para a análise estrutural dos objectos geológicos necessários, bem como para a clarificação dos seus padrões de distribuição, o que é muito importante na investigação geológica.

Ao contrário das bacias oceânicas em terra, o aspeto primordial das formações geológicas foi completamente destruído pela desnudação, o que torna a investigação geológica muito mais difícil.

Outras variedades de falhas divergentes, de acordo com o nosso conceito, são as falhas profundas de tipo riftogénico. As falhas riftogénicas distribuem-se principalmente no tipo continental da crosta terrestre. Muitas delas estão atualmente cicatrizadas, pelo que a sua observação visual é muito mais difícil. A sua identificação e estudo só é possível através de estudos geológicos pormenorizados, efectuados com base em métodos geológicos geralmente conhecidos.

É de notar que todos os processos geológicos, incluindo as falhas profundas, começam a sua formação e desenvolvimento juntamente com o desenvolvimento da Terra e da sua crosta.

Por conseguinte, a formação e o desenvolvimento de falhas profundas têm um carácter evolutivo de desenvolvimento. Deste ponto de vista, as falhas profundas formam-se e desenvolvem-se, curam-se, ou seja, param a sua atividade ativa no aspeto histórico. Grande parte das falhas profundas tem um carácter hereditário de desenvolvimento.

As falhas profundas globais estão frequentemente envolvidas na formação e desenvolvimento de bacias oceânicas e de outras bacias hidrográficas. A formação e o desenvolvimento do Oceano Atlântico e do Mar Vermelho, que continuam a expandir-se atualmente, são exemplos disso.

O segundo tipo genético de falhas profundas são as falhas convergentes, cuja formação está intimamente relacionada com as zonas de compressão. Estas zonas de compressão, assim como as zonas de tração divergentes, formam-se em direcções submeridionais. Formam-se como resultado de movimentos diferenciais das massas litosféricas, que estão associados à natureza da distribuição das forças geodinâmicas que determinam a dinâmica das tensões na crosta terrestre.

De acordo com a teoria apresentada, as zonas de compressão mais intensas ocorrem em grandes faixas de junção de tipos oceânicos da crosta terrestre com a crosta continental, ou seja, entre diferentes tipos de crosta terrestre, o que está associado à diferença de velocidade de geoblocos de massas litosféricas em movimento ou em deslocamento que causam a formação de uma zona de compressão (por tectónica de placas, zonas de subducção).

O mecanismo de formação destes tipos de zonas comprimidas, de acordo com a teoria proposta, bem como a tectónica de placas, é explicado da seguinte forma: O tipo oceânico denso e de baixa potência da crosta terrestre (no nosso exemplo, o tipo oceânico da crosta terrestre), ao encontrar-se com o tipo continental poderoso e comparativamente de baixa densidade da crosta terrestre, de acordo com a lei da mecânica, passa por baixo do tipo continental poderoso mas comparativamente de baixa densidade da crosta terrestre.

Ao mesmo tempo, as camadas leves recém-formadas (a primeira e a segunda camada das bacias oceânicas) que cobrem os tipos oceânicos da crosta terrestre, durante a subducção, participam na formação de prismas acrecionários (Fig. 10-17) De acordo com a teoria proposta, a razão para a formação de prismas acrecionários é explicada pelo facto de serem leves e não poderem, juntamente com o tipo oceânico de crosta, entrar sob os continentes, daí que, por esta razão, formem prismas acrecionários sob a forma de prismas em zonas de subducção, ao longo das zonas de subducção.

De acordo com a teoria proposta, isso significa que o comprimento da circunferência da Terra perto das latitudes equatoriais é praticamente constante, por isso as zonas de compressão são compensadas com a zona de alongamento, o que é natural na evolução da crosta terrestre.

No entanto, o processo de compressão não pode ser limitado apenas entre os tipos oceânico e continental da crosta terrestre. Este processo é mais generalizado, o que é bastante natural e apoiado por um raciocínio lógico. Isto confirma que os processos de compressão são fenómenos generalizados e podem ser observados em todas as regiões do mundo. O seu papel é particularmente importante na origem e na evolução de todos os tipos de transformações metamórficas. A elucidação das suas condições geotectónicas de formação é de importância teórica e prática.

Esclarecimento das verdadeiras causas dos fenómenos naturais, incluindo os processos tectonomagmáticos e metamórficos, que são de importância primordial, envolvidos na formação de todos os tipos de minerais.

De acordo com a teoria da evolução geodinâmica da crosta terrestre, o padrão de propagação das zonas de tensão ocorre sob a influência de forças geodinâmicas.

Por conseguinte, a distribuição das zonas divergentes e convergentes está também relacionada com os padrões de distribuição das forças geodinâmicas. Em regra, a intensidade da sua formação e formação é caracterizada pela sua localização em relação aos pólos da Terra e ao seu equador (2,3)

Assim, podemos concluir que a formação e a formação de zonas divergentes e convergentes estão intimamente relacionadas com o desenvolvimento das forças geodinâmicas.

17. CAUSAS E MECANISMOS DAS ALTERAÇÕES DO CENTRO DE GRAVIDADE DA TERRA E SEU SIGNIFICADO NA EVOLUÇÃO DA CROSTA TERRESTRE

Anotação. No trabalho apresentado são esclarecidas as causas das alterações do centro de gravidade da Terra, o papel das forças externas e internas nestes processos. Verifica-se que na mudança do centro de gravidade da Terra, o papel das marés e marés, bem como os processos de denudação são muito grandes. E as mudanças no centro de gravidade são causadas por mudanças no eixo de rotação da Terra. E com a mudança do eixo de rotação da Terra, mudam a natureza e as direcções dos processos geotectónicos envolvidos na evolução da crosta terrestre.

Todos, sem exceção, os processos geotectónicos que ocorreram na Terra e na sua crosta estão interligados. Este é um dos princípios importantes da teoria da geodinâmica da evolução da crosta terrestre. Com base nos princípios desta teoria, os processos geológicos, pela sua natureza e desenvolvimento, assemelham-se a reacções em cadeia. Alguns processos dão origem a outros processos, que, por sua vez, condicionam a formação e o desenvolvimento de outros processos. Na Terra e na sua crosta, tudo está em mudança e os seus percursos evolutivos estão ligados aos processos geológicos e tectónicos. Todos os sub-objectos existentes, incluindo a Terra e as suas partes constituintes, independentemente da sua natureza, estão sujeitos ao nascimento, à transformação e, finalmente, ao fim da sua existência.

Neste aspeto, a mudança do centro de gravidade da Terra desempenha um papel extremamente importante na evolução da crosta terrestre. A mudança do centro de gravidade da Terra ocorre constantemente e tem um carácter evolutivo de desenvolvimento. Juntamente com esta 107

A mudança do centro de gravidade da Terra afecta a mudança de outros parâmetros da Terra, incluindo o eixo de rotação da Terra, com o qual a natureza e a direção de todos os processos geológicos e processos de deslocação estão relacionados. A mudança do centro de gravidade da Terra afecta a mudança de outros parâmetros da Terra, incluindo o eixo de rotação da Terra, com o qual a natureza e a direção de todos os processos geológicos e processos de deslocação estão relacionados, o que predetermina a origem e a evolução de muitos fenómenos naturais, incluindo os geotectónicos.

Estes processos naturais incluem processos naturais tão grandiosos como a desnudação, o fluxo e refluxo das marés, a origem e o desenvolvimento dos processos vulcânicos e dos sismos, a origem das redes globais de falhas profundas, os processos vulcanoplutónicos e a formação de minérios, a dissecação da crosta terrestre em geoblocos separados, a sua acumulação e divergência e muitos outros processos.

Tudo o que foi dito acima afirma inequivocamente que a mudança na natureza e nas características dos processos geotectónicos está associada à transição de uma fase para outra do desenvolvimento da crosta terrestre. Em geral, estas alterações são causadas por mudanças nos parâmetros geométricos da Terra, que estão relacionadas com os processos terrestres, principalmente a desnudação, e com as forças externas, as marés e a ação das marés, que, na sua essência, causam alterações nos parâmetros da Terra.

Por isso, em primeiro lugar, é necessário descobrir e caraterizar as razões da mudança dos parâmetros geométricos da Terra, depois o mecanismo de mudança destes parâmetros e, em seguida, analisar o seu papel na evolução da crosta terrestre, com base nos princípios da teoria da geodinâmica da evolução da crosta terrestre.

As causas das alterações dos parâmetros da Terra podem estar relacionadas com forças externas e internas. Para o número de forças externas é necessário referir a relação da Terra com outros corpos celestes, bem como com o seu mecanismo de movimento celeste. Em primeiro lugar, deve notar-se que o próprio Sol, o seu satélite Lua, que afectam regularmente o desenvolvimento da Terra e da sua crosta e outros planetas vizinhos do sistema solar.

Devemos notar a influência da Lua nos processos internos da Terra, especialmente o fluxo e refluxo das marés, que estão ativamente envolvidos nos rearranjos internos da Terra numa base diária.

A partir do princípio da nossa teoria são acompanhadas pela manifestação da atividade de fenómenos anómalos, provocando a manifestação de manifestações vulcânicas e sismos, bem como o tsunami associado.

Entre as forças internas que influenciam a alteração dos parâmetros geométricos da Terra pela primeira vez, devemos mencionar os processos de denudação, que notavelmente 108

influenciam as alterações dos parâmetros geométricos da Terra. Todos estes processos estão ativamente envolvidos na evolução da crosta terrestre.

Assim, o acima exposto mostra que a alteração do centro de gravidade da Terra afecta ativamente o desenvolvimento e a evolução de todas as forças geodinâmicas envolvidas na evolução da crosta terrestre. Especialmente com a mudança do eixo de rotação da Terra, o carácter e a direção dos processos geotectónicos mudam, o que é especialmente importante nas reconstruções paleotectónicas.

Com a mudança do eixo de rotação da Terra, a natureza e a direção de muitos processos geotectónicos globais mudam, e as direcções das forças geodinâmicas mudam, predeterminando ainda mais o curso do desenvolvimento dos principais processos geotectónicos. Estes processos incluem processos globais de deslocação, a formação de astenosfera, plumas, diapraias, suturas, pontos quentes e outros fenómenos anómalos, a origem e o desenvolvimento de redes globais de falhas e o seu padrão de distribuição, a natureza e o desenvolvimento de muitos outros processos.

As forças geodinâmicas, cuja origem está intimamente relacionada com a rotação da Terra, são as forças motrizes dos principais processos geotectónicos que ocorrem na Terra e na sua crosta. São as principais forças criativas no desenvolvimento da Terra e da sua crosta, e ocupam um lugar especial no seu desenvolvimento.

Os processos de deslocação global causados por forças geodinâmicas ocupam um lugar especial na evolução da crosta terrestre. A origem e a distribuição das falhas profundas estão relacionadas com estes processos.

Falhas profundas, penetrando no manto superior, em conexão com isto, nestas áreas da crosta terrestre há uma diminuição da temperatura e da pressão, e a queda da temperatura e da pressão é acompanhada pela ativação de transformações de fase físicas e químicas, causando a manifestação de manifestações vulcânicas e terramotos.

A ativação de transformações de fases físico-químicas está também associada ao processo de marés e marés vivas, podendo nestes casos haver manifestações de tsunamis. Durante as marés baixas e as marés vivas, ocorrem reorganizações no interior da Terra, que provocam a expansão do volume da astenosfera, à qual estão associados muitos processos geotectónicos, incluindo erupções vulcânicas, sismos e tsunamis, que muitas vezes ocorrem em simultâneo.

Os processos de deslocação estão associados ao movimento das massas litosféricas, com o qual a origem e o padrão de distribuição das falhas profundas estão relacionados. Estas falhas profundas formam um quadro complexo de estrutura, 109

que abrange toda a Terra, unindo todos os tipos genéticos de falhas profundas que desempenham um papel importante na evolução da crosta terrestre.

Ao mesmo tempo, as falhas profundas são o canal de abastecimento das erupções vulcânicas e dos processos vulcano-plutónicos. Ao longo destas falhas profundas ocorrem processos complexos de geração de minério, cujos produtos migram para o topo e, com este canal em condições favoráveis, participam na formação de depósitos de minério de tipo edogénico.

As falhas profundas também estão envolvidas na formação de muitas estruturas montanhosas dobradas de diferentes tipos genéticos. Entre elas, as estruturas montanhosas de origem vulcânica estão localizadas ao longo de falhas profundas.

Muitas estruturas montanhosas estão geneticamente relacionadas com tipos divergentes e convergentes de falhas profundas.

Em relação à capacidade de produção de minério, cada tipo genético de falhas profundas está associado a minerais inerentes. Isto deve-se ao facto de a formação e a constituição das falhas profundas terem ocorrido em diferentes condições geotectónicas. Assim, os minerais distribuídos ao longo das falhas profundas são agrupados principalmente em dois caracteres genéticos relacionados com as condições geotectónicas. Alguns formaram-se em zonas de extensão e outros em zonas de compressão. Cada um deles é nitidamente diferente do outro. Cada uma tem as suas próprias condições geotectónicas e a correspondente formação de minério.

Nas zonas de tensão, são comuns os depósitos minerais que são comuns nas zonas de expansão e de rifting. E nas zonas de compressão, os depósitos minerais são distribuídos principalmente nas zonas de subducção.

Todos estes grupos de falhas caracterizados são de direção submedional. Para além destes, existe um terceiro grupo de falhas de transformação e de colisão. As falhas de transformação estão localizadas subperpendicularmente às falhas submeridionais. Estas falhas são também falhas de passagem do manto, que se situam paralelamente umas às outras e têm capacidade de gerar minério.

Quanto aos tipos de falhas colisionais, o seu padrão de distribuição tem um carácter ligeiramente diferente, que está relacionado com a condição geotectónica de formação e a sua formação depende da natureza dos geoblocos que participaram na formação destes tipos colisionais de falhas profundas. As falhas profundas de tipo colisional, tal como outras falhas, têm capacidade de gerar minério.

Tudo o que foi dito acima é claramente consistente com os princípios da teoria geodinâmica da evolução da crosta, cujos princípios básicos são os seguintes:

1. As principais forças motrizes dos processos geotectónicos são forças geodinâmicas que têm uma distribuição regular na crosta terrestre e que podem mudar o seu carácter e direção, principalmente com base em mudanças no centro de gravidade e no eixo de rotação da Terra.

2. A origem da astenosfera, plumas, suturas, diapiros, pontos quentes está associada a transformações de fase físicas e químicas, que estão associadas a deslocações geosféricas causadas por forças de Coriolis, que também estão associadas a forças geodinâmicas. As forças de Coriolis foram estabelecidas pela primeira vez entre a água (no sentido geológico de hidrosfera) e a litosfera pelo cientista francês Coriolis. O autor da teoria da geodinâmica da evolução da crosta terrestre acredita que as forças de Coriolis dominam entre todas as diferentes características, incluindo todas as geosferas de diferentes densidades da Terra, que em meios terrestres densos e sólidos se manifestam na forma de transformações de fase físicas e químicas, e dentro de tais geosferas como hidrosfera, atmosfera, ionosfera, etc. têm o desenvolvimento de outros tipos de processos que não os processos climatológicos.

3. Estabelecer a origem e o padrão de distribuição das forças geodinâmicas na crosta terrestre.

4. Sobre as possíveis influências dos corpos celestes no desenvolvimento da crosta terrestre.

5. Marés e escoamentos, e a sua influência nos processos internos da Terra.

6. Origem das falhas profundas globais e seus padrões de formação e distribuição na crosta terrestre.

7. Todos os processos geotectónicos globais estão interligados.

No desenvolvimento da teoria da geodinâmica da evolução da crosta terrestre, tendo em conta os princípios básicos desta teoria, que são descritos acima, tornou-se claro que todos os fenómenos naturais, incluindo os geotectónicos, ocorridos nas esferas da Terra e da sua crosta estão interligados.

Se analisarmos o processo de formação e mudança do centro de gravidade da Terra a partir da posição dos princípios da teoria da geodinâmica da evolução da crosta terrestre, verifica-se que no período inicial de formação da Terra e do seu centro de gravidade é inteiramente devido a forças externas. Além disso, na sua evolução participam processos internos também ligados a forças externas. Estes processos, que provocam a alteração dos parâmetros geométricos da Terra, com os quais a alteração do seu centro de gravidade está relacionada, são predeterminados: a natureza do desenvolvimento e a direção dos principais processos geotectónicos, como a desnudação, a deslocação, o vulcanismo-plutónico, as redes de falhas profundas, etc., envolvidos na evolução da crosta terrestre.

Assim, o acima mencionado prova que na evolução da crosta terrestre, tanto as forças externas como as internas estão inter-relacionadas. No entanto, a julgar em geral pelo desenvolvimento da Terra e da sua crosta, o papel principal pertence às forças externas e as internas derivam delas.

18. PRISMAS ACRECIONÁRIOS, CAUSAS DA SUA FORMAÇÃO E MECANISMO DE FORMAÇÃO

Anotação. Este trabalho elucida as razões da formação dos prismas acrecionários, as suas condições geotectónicas e o mecanismo da sua formação no aspeto genético. Verifica-se que a formação de prismas acrecionários está associada a processos de subducção e a sua estrutura envolve principalmente produtos da primeira e segunda camadas de bacias oceânicas com a participação de produtos de vertentes continentais. Durante os processos de subducção, as camadas de sedimentos de fundo de formação moderna, ao encontrarem-se com o tipo continental da crosta terrestre, devido ao facto de serem leves da densa crosta oceânica, acumulam-se nas zonas de junção da crosta oceânica com a zona continental e formam-se os prismas acrecionários. As rochas mais baixas e mais densas da crosta oceânica são subduzidas e passam por baixo da crosta continental, participando nas transformações de fase físico-químicas que ocorrem entre a litosfera e o manto.

Processos geotectónicos complexos ocorrem em zonas de compressão localizadas entre tipos oceânicos e continentais da crosta terrestre. Um desses processos é a formação e formação de prismas acrecionários, que são comuns nas zonas de subducção.

Os processos de acreção e os seus produtos têm sido estudados e analisados de diferentes pontos de vista. Os processos de acreção no aspeto geotectónico têm sido mais amplamente estudados pelos mobilistas a partir da posição da tectónica de placas (11). Os processos acrecionários são característicos das zonas de subducção. Nesta atitude não há discordância entre os mobilistas e o conceito de geodinâmica da evolução da crosta terrestre.

Os mobilistas, bem como o conceito de evolução geodinâmica da crosta terrestre, as condições geotectónicas da formação de prismas acrecionários, bem como o seu mecanismo de formação composição e estrutura entra a partir de uma posição próxima. No entanto, os mobilistas não elucidam as causas da formação destes interessantes tipos de formações geológicas, o que é muito importante nas reconstruções paleogeotectónicas.

A nossa tarefa é descobrir a causa da formação e o mecanismo de formação, bem como as condições geotectónicas da formação dos prismas acrecionários, bem como a composição, a estrutura a partir da posição do conceito de geodinâmica da evolução da crosta terrestre.

Para começar, muitas questões relativas à formação e condições geotectónicas de formação, bem como o mecanismo de formação de prismas acrecionários, existem semelhanças e diferenças entre a teoria da geodinâmica da evolução da crosta e a tectónica de placas.

Ambos os conceitos de formação de prismas acrecionários são atribuídos a processos de subducção, mas o mecanismo da sua formação é explicado de formas diferentes.

A tectónica de placas pressupõe que as zonas de subducção se formam como resultado de movimentos contrários dos tipos de crostas continentais e oceânicas, sendo os prismas acrecionários formados com base em materiais do tipo de crostas oceânicas. No entanto, as forças motrizes que provocam o movimento dos geoblocos de encontro, onde se dá a formação dos prismas acrecionários, não foram ainda esclarecidas de forma inequívoca. E também as razões da intensidade das velocidades e da direccionalidade dos geoblocos de encontro da crosta terrestre.

Alguns mobilistas acreditam que o movimento dos geoblocos está relacionado com as correntes do manto. Surge então uma questão natural: a que se relaciona a formação das correntes mantélicas? Desta forma, muitas questões contraditórias são levantadas, criando motivos para discussão.

Todas estas e outras questões, a partir da posição da teoria da geodinâmica da evolução da crosta terrestre, são explicáveis. Uma vez que, a partir da posição da KDEZK, está inequivocamente provado que o motor 114

As forças de todos os processos geotectónicos envolvidos na formação e desenvolvimento da crosta terrestre, incluindo os prismas de acreção, são forças geodinâmicas relacionadas com a rotação da Terra.

Para além destes princípios, a teoria da geodinâmica da evolução da crosta terrestre, o movimento, não só de geoblocos individuais da crosta terrestre, bem como o movimento de todas as massas litosféricas, ocorre sob o controlo das forças geodinâmicas acima mencionadas, incluindo a velocidade de movimento de geoblocos individuais e a sua direção, bem como o seu desenvolvimento posterior.

Com base nos princípios desta teoria, a natureza e o mecanismo do movimento das massas litosféricas são esclarecidos, com os quais as regularidades de desenvolvimento de cada bloco da crosta terrestre são predeterminadas, condicionadas, também, por distribuições regulares de forças geodinâmicas.

Ao contrário de outros conceitos, a partir da posição da teoria geodinâmica da evolução da crosta terrestre, foram elucidadas a natureza e as direcções, bem como as regularidades de propagação dos processos de deslocação, que têm três direcções dominantes (Fig.1).

As principais forças geodinâmicas têm a direção Este e outras dirigem-se dos pólos da Terra para o seu equador. Além destas, existem outras direcções de forças geodinâmicas de carácter tangencial de desenvolvimento que se formaram a partir de relações mútuas das primeiras três direcções. No hemisfério norte, estas têm a direção sudeste e, no hemisfério sul, a direção nordeste. Todas estas forças geodinâmicas estão ativamente envolvidas na deslocação de massas litosféricas, incluindo a formação e formação de prismas acrecionários.

Sob a influência das forças geodinâmicas, os processos de deslocação devem ocorrer de forma regular, numa determinada direção, ou seja, de acordo com as leis de propagação das forças geodinâmicas. No entanto, devido ao facto de a potência das massas litosféricas não ser igual em todo o lado, tem uma natureza diferencial de desenvolvimento e, a este respeito, esta regularidade é violada. As condições geodinâmicas e a formação de prismas de acreção também são perturbadas.

No processo de deslocação das massas litosféricas, entre geoblocos distintos da crosta terrestre, incluindo entre grandes geoblocos, como o oceânico e o continental, ocorrem processos de compressão e alongamento, cada um deles caracterizado por processos geotectónicos. Um deles é caracterizado por processos de subducção, aos quais está associada a formação de prismas acrecionários.

No entanto, existe uma certa regularidade na formação dos prismas acrecionários. Na fase atual do desenvolvimento da crosta terrestre, a localização dos processos acrecionários ocorre de acordo com estas direcções de desenvolvimento das forças geodinâmicas. Os produtos estão localizados na direção submeridional, que está associada à direção dos processos de deslocação que ocorrem principalmente sob a influência das forças geodinâmicas da direção oriental.

Esta regularidade é principalmente predeterminada pelas características dos tipos oceânico e continental da crosta terrestre, onde se formam zonas de compressão e, simultaneamente, ocorre a formação de prismas acrecionários (Fig. 13).

De acordo com a posição do KDESC, a formação de prismas acrecionários está relacionada com o facto de os processos de subducção ocorrerem nas zonas de junção dos tipos de crusta oceânica e continental. Os processos de subducção são acompanhados pela formação e formação de prismas acrecionários, cujo mecanismo de formação, com a teoria da geodinâmica da evolução da crosta terrestre, é clarificado da seguinte forma.

No processo de subducção, o tipo oceânico denso da crosta terrestre, ao encontrar-se com o tipo continental poderoso e de baixa densidade da crosta terrestre, passa por baixo deles pela lei da mecânica. Neste contexto, as camadas superiores de baixa densidade da crosta terrestre de tipo oceânico são arrancadas com a crosta terrestre de tipo continental, onde se formam acreções sob a forma de prismas nas zonas de compressão.

E as principais partes densas do tipo oceânico da crosta terrestre, descendo até à zona da astenosfera, onde participam nos processos de transformações de fase físicas e químicas. Estas activações provocam ainda a ativação de processos vulcano-plutónicos, que, em regra, são acompanhados por erupções vulcânicas e formação de minérios, característicos das zonas de subducção.

A partir da posição do KDESC, os parâmetros geométricos, a estrutura, a composição e outras características dos prismas acrecionários estão relacionados com o carácter, a estrutura, a composição e os parâmetros geométricos dos geoblocos encontrados na crosta terrestre, onde se podem formar prismas acrecionários extremamente diversos, tanto na forma como na estrutura e composição do material, reflectindo as características das condições geotectónicas de formação. Além disso, a partir da posição do KDEZK, cujos geoblocos se encontram entre eles, ambos têm um movimento unidirecional. No entanto, as suas taxas de redivisão são diferentes. E a partir da posição da tectónica de placas, são placas que se encontram, no entanto, o mecanismo de formação de movimentos contrários não é explicado, e a partir da posição de KDESC, têm direccionalidade unilateral e têm diferentes taxas de movimento e são bem combinados pelo desenvolvimento de forças geodinâmicas.

A partir da posição do KDESC, os prismas acrecionários desenvolvem-se principalmente perto das faixas equatoriais da Terra e, ao avançar em direção aos pólos da Terra, os processos de desenvolvimento dos prismas acrecionários enfraquecem gradualmente e estão completamente ausentes nas zonas dos pólos, o que é bastante natural a partir da posição da teoria da geodinâmica da evolução da crosta terrestre.

Na estrutura dos prismas acrecionários, a primeira e segunda camadas do tipo oceânico da crosta terrestre, sedimentos de fundo mecanicamente fracos, que na zona de subducção são deslocados da crosta continental e formam acumulações poderosas, que participam na formação de prismas acrecionários nas zonas de subducção, estão principalmente envolvidos na estrutura dos prismas acrecionários, o que é bem compatível com os princípios do KDESC.

Os produtos continentais costeiros também participam nestas acreções prismáticas. Assim, na estrutura dos prismas acrecionários podem participar, para além da primeira e segunda camadas da crosta oceânica, bem como formações continentais costeiras, complicando mais uma vez a composição, estrutura e outras características dos prismas acrecionários, o que é um fenómeno natural nos processos de formação de prismas acrecionários.

É especialmente importante sublinhar que os processos de subducção, em regra, ocorrem nas costas ocidentais dos grandes continentes, o que é natural com os princípios da teoria geodinâmica da evolução da crosta terrestre. Isto deve-se ao facto de, durante a rotação da Terra, à qual estão associadas, em geral, deslocações de massas litosféricas, grandes e poderosas, bem como geoblocos estáveis, em regra, ficarem sempre atrás dos geoblocos móveis circundantes em velocidade. Devido ao facto de serem lei de isostasia, instalam-se nas profundezas do manto superior e este dificulta o seu movimento.

E os geoblocos vizinhos, mais móveis, encontram-se em zonas estáveis, perante as quais se criam barreiras onde ocorre a compressão. Neste contexto, formam-se zonas de compressão entre eles, provocando a formação e o desenvolvimento da subducção.

Como se pode ver pelo exposto, a composição dos prismas acrecionários pode ser extremamente diversificada, porque a área de formação das suas fontes é muito grande, onde todos os tipos de rochas podem formar-se e formar-se, cada uma das quais pode potencialmente fazer parte de prismas acrecionários.

A análise dos materiais acima referidos, a partir da posição da teoria da geodinâmica da evolução da crosta terrestre, afirma inequivocamente que a formação e formação de prismas acrecionários na história do desenvolvimento da crosta terrestre é um fenómeno natural.

Os prismas acrecionários, regra geral, no aspeto histórico, formam-se em zonas de compressão e, neste contexto, a sua deteção numa ou noutra região do mundo reveste-se de grande importância científica, especialmente nas reconstruções paleotectónicas globais, uma vez que os processos acrecionários estão associados apenas a grandes zonas de compressão.

Por conseguinte, os prismas acrecionários só se podem formar nas zonas de compressão que estão associadas a grandes geoblocos crustais, tais como a delimitação de grandes continentes, bem como de grandes geoblocos crustais oceânicos.

Resumindo tudo o que foi dito, podemos concluir que a elucidação da causa da formação, a condição da formação, bem como o estabelecimento da composição e estrutura dos prismas acrecionários são de grande importância científica e prática.

19. FORÇAS GEODINÂMICAS DA TERRA E O SEU PAPEL NA FORMAÇÃO DE DEPÓSITOS MINERAIS

Anotação. Este artigo analisa o papel das forças geodinâmicas na formação dos minerais. É de notar que na formação e formação de processos vulcanoplutónicos e de formação de estruturas, bem como de processos metamórficos. O papel das forças geodinâmicas é enorme, uma vez que a origem e as condições de formação de muitos tipos genéticos de minerais estão geneticamente relacionadas com cada uma delas. Na posição do KDESC, todos os processos geotectónicos ocorrem sob a influência de forças geodinâmicas e, naturalmente, tanto na origem como no mecanismo de formação, todos os tipos genéticos de depósitos estão geneticamente relacionados com os padrões de desenvolvimento e distribuição com estas forças geodinâmicas. Este artigo é dedicado à elucidação destes processos.

A elucidação da origem, das condições de formação e das regularidades de distribuição e localização dos minerais é o principal problema das ciências geológicas, incluindo a geotectónica. Por isso, o KDESC tem prestado muita atenção a este problema (41-43).

Não é nosso objetivo analisar todos os problemas relacionados com os minerais. O nosso principal objetivo é, a partir da posição da teoria da evolução geodinâmica da crosta terrestre, caraterizar os principais processos associados ao problema da origem, do mecanismo de formação, bem como dos padrões de distribuição dos principais tipos de minerais. O objetivo é identificar as principais regularidades de desenvolvimento associadas à origem, formação, bem como os padrões de distribuição dos principais tipos genéticos de minerais, a fim de criar uma base teórica, pré-requisitos para a descoberta e exploração na base mais favorável, económica.

As direcções prioritárias da investigação geológica têm sido, e continuam a ser, a criação de uma base teórica, tanto para a investigação geológica, em geral, como para a descoberta e exploração de depósitos minerais. Sem uma base teórica para a descoberta e exploração de minerais ter-se-iam gasto quantias colossais de dinheiro, o que causaria enormes prejuízos à economia nacional.

Por isso, no aspeto histórico, nesta direção, foram e são realizados trabalhos propositados em vários ramos das ciências geológicas. Estes problemas são dedicados a um grande número de trabalhos científicos, incluindo (Akhverdiev, 1989, 1976; Kashkai, 1967; Maleev, 1980; Milanovsky, 1968; Ritman, 1964; Khain, 1973; Shikhalibeyli, 1966) de grande importância no desenvolvimento das ciências geológicas, tanto a nível científico como prático.

Apesar disso, há ainda muitas questões por resolver que exigem uma resposta positiva. Por exemplo, as forças motrizes dos processos geotectónicos. As razões para o movimento dos continentes, a origem dos vulcões, terramotos, a origem da astenosfera, plumas, diapiros, tsunamis, etc., fenómenos anómalos, a origem das falhas profundas, a origem dos continentes e oceanos, a origem, formação e padrões dos depósitos minerais e muitas outras questões. Todas estas questões podem receber uma resposta positiva a partir da posição da teoria da geodinâmica da evolução da crosta terrestre, que é atualmente objeto de um vivo debate.

A nossa tarefa é descobrir a origem, a partir da posição da teoria geodinâmica da evolução da crosta terrestre, as condições de formação e as regularidades de distribuição e localização dos principais tipos genéticos de minerais, bem como o papel dos processos geotectónicos globais na formação e formação de depósitos minerais a partir da posição do KDESC.

Esta teoria das fontes dos processos geotectónicos envolvidos na origem e formação dos principais tipos de minerais está relacionada com as forças geodinâmicas da Terra. Isto significa que os principais tipos de minerais que se formaram na crosta terrestre ocorrem sob a influência destas forças. Essas forças também predeterminam os padrões de distribuição e posicionamento na crosta terrestre.

Isto significa inequivocamente que todas as diferentes variedades de condições geotectónicas, às quais estão associados a origem e o mecanismo de formação de diferentes tipos genéticos de minerais, são predeterminadas pelas regularidades da distribuição das forças geodinâmicas.

Com base neste princípio, com a posição desta teoria, é possível descobrir as regularidades da distribuição dos principais tipos genéticos de minerais. Como a origem e o mecanismo de formação de tipos genéticos separados de minerais, cada um caracterizado separadamente pelas suas condições geotectónicas peculiares, onde podem ser formados, também estão relacionados com o carácter da distribuição das forças geodinâmicas.

Isto significa que a origem de certos tipos genéticos de minerais, bem como a sua formação, está intimamente relacionada com as condições geotectónicas onde podem ser formados e localizados. Isto indica claramente que, para a origem dos principais tipos genéticos de minerais, a primeira coisa a observar são as suas condições geotectónicas de formação. As condições geotectónicas são de extrema importância na origem e formação dos minerais. Por isso, cada tipo de mineral tem a sua própria condição geotectónica de formação.

Na posição da KDESC, a criação das condições necessárias para a origem, formação e acumulação de determinados tipos de minerais ocorre com a participação de vários factores:

Os principais destes factores são a composição do material, a temperatura e a pressão, que têm um carácter variável de desenvolvimento, que se devem ao desenvolvimento, bem como às suas regularidades de distribuição das forças geodinâmicas na crosta terrestre. Estas regularidades estão relacionadas com a natureza do desenvolvimento de muitos processos geotectónicos que requerem estudos geotectónicos especiais.

Todos estes processos geotectónicos estão direta ou indiretamente relacionados com as forças geodinâmicas. Sob a influência destas forças, uma variedade de processos complexos, incluindo processos geotectónicos, ocorrem na crosta terrestre, causando a formação de diferentes condições geotectónicas, às quais estão associadas a origem e a formação de vários tipos genéticos de minerais.

Por conseguinte, a formação e a diferenciação genética dos depósitos são predeterminadas por estas condições geotectónicas.

A formação de condições geotectónicas é um processo altamente complexo que está ligado a vários processos globais. Estes processos globais incluem principalmente os seguintes: deslocação e deformação das massas litosféricas; formação de falhas profundas globais, incluindo redes de falhas globais e processos relacionados de subducção, espalhamento e rifting; processos metafóricos globais; processos vulcanoplutónicos; processos de formação de zonas de tensão; processos de colisão;

bem como a formação de vários tipos genéticos, sistemas de dobras de montanhas e muitos outros.

Todas as várias condições geotectónicas que determinam a origem e a formação de certos tipos genéticos de minerais estão intimamente relacionadas com os processos globais acima enumerados. Cada um destes processos globais tem algum significado para a origem, isolamento e acumulação de determinados tipos de associações minerais que podem participar na formação de determinados tipos de minerais.

Todos os tipos genéticos de minerais, cada um deles separadamente, estão relacionados com os processos acima mencionados, a origem e a formação dos mesmos devem ser esclarecidas a partir desta posição. Os principais parâmetros da formação de minerais, que são componentes de qualquer tipo genético de minerais, são as temperaturas e pressões, bem como as suas composições materiais, onde ocorre a formação de minerais.

Na formação e formação de qualquer tipo de minerais, a composição do material, a temperatura e a pressão são predeterminantes, e o resto pode afectá-los, que são de importância secundária.

Os processos de deslocação, pela sua complexidade, estão intimamente relacionados com as forças geodinâmicas, sendo responsáveis por todas as suas complexidades características, bem como pelos padrões de distribuição, associados a vários tipos genéticos de minerais.

O papel dos processos de deslocação na distribuição dos minerais é muito vasto. Isto é evidenciado pela diversidade dos processos geotectónicos que estão ativamente envolvidos nos processos de deslocamento. Tais como elementos descontínuos de natureza divergente e convergente de desenvolvimento, que se caracterizam pela formação de diferentes tipos de minerais.

Os processos de deslocação estão associados à formação e formação de diferentes tipos genéticos de sistemas de dobras de rochas, tais como sistemas de rochas do tipo subducção e sistemas de rochas do tipo vulcanogénico, que se caracterizam por minerais genéticos excecionalmente diferentes (12-13).

Os processos de deslocação estão também associados à transformação de geoblocos individuais da crosta terrestre associada à sua deformação, também associada a diferentes tipos de minerais. Existem muitos exemplos de tais processos.

Tudo isto indica que para a formação e formação dos minerais é importante que existam condições geotectónicas favoráveis à sua origem e formação. No entanto, os principais parâmetros das condições geotectónicas são a composição do material, a temperatura e a pressão, a ausência de um deles não pode ocorrer o processo de formação mineral. E a alteração da natureza e da direção dos principais parâmetros, como a composição do material, a temperatura e a pressão, depende de numerosos factores.

Todos os processos naturais que ocorrem sob a influência de forças geodinâmicas podem ser atribuídos a esses factores. Estes processos podem incluir muitos processos de transformação, incluindo os processos metamórficos, os processos que criam tensões na crosta terrestre, os processos de difusão, os processos vulcanoplutónicos, os processos de assimilação e diferenciação e muitos outros.

Cada um destes processos naturais influencia, à sua maneira, os processos de formação mineral, ou melhor, a alteração dos principais parâmetros dos processos de formação mineral.

O processo de formação dos minerais é objeto de numerosos trabalhos científicos, incluindo os de capital, e não vale a pena abrir discussões, uma vez que são amplamente discutidos em artigos científicos. O nosso objetivo era e continua a ser a análise da posição da teoria da geodinâmica da evolução da crosta terrestre, para descobrir a origem, a formação e as leis gerais da distribuição dos minerais.

Tudo o que foi dito acima nos permite chegar à conclusão geral de que a fonte de todos os processos naturais, incluindo a formação e formação, bem como os padrões de distribuição de todos os tipos genéticos de minerais, está intimamente relacionada às forças geodinâmicas. Sob a influência de que todos os processos geotectônicos globais ocorrem, com o que a origem, a formação e os padrões de distribuição dos principais tipos genéticos de minerais estão associados.

20. MECANISMO DE DESLOCAÇÃO DAS MASSAS LITOSFÉRICAS E SEU SIGNIFICADO NA EVOLUÇÃO DA CROSTA TERRESTRE

Anotação. Neste artigo, pela primeira vez a partir da posição do conceito de geodinâmica da evolução da crosta terrestre (CDEZK), é apresentado o mecanismo de deslocamento das massas litosféricas, que está associado à origem de muitos processos geotectónicos, incluindo a origem de falhas profundas globais, processos vulcânico-plutónicos, processos de formação de horizontes, etc., que são de grande importância na remodelação da crosta terrestre. É de notar que os movimentos das massas litosféricas ocorrem estritamente sob a influência de forças geodinâmicas, que se desenvolvem na crosta terrestre com regularidades específicas. As forças da sua ação têm principalmente direção oriental e dos pólos da Terra para o seu equador. Das inter-relações destas direcções nascem outras forças de carácter tangencial de desenvolvimento, que se desenvolvem nas direcções nordeste e sudeste.

O problema da deslocação da crosta é uma das questões teóricas importantes da geotectónica que requer um estudo detalhado. Os processos de deslocação são de grande importância científica e prática. Uma variedade de processos geotectónicos está ligada a este processo (42), que está associado à formação e formação de vários tipos genéticos de minerais, bem como à formação de muitas estruturas montanhosas. Por isso, a elucidação da natureza e dos seus padrões de distribuição, estes processos de deslocação, sempre foram relevantes e ocuparam um lugar especial no círculo de interesses dos geólogos.

Neste sentido, numerosos trabalhos científicos têm sido dedicados a esta questão. Várias questões relacionadas com os processos de deslocação foram elucidadas, e o papel dos processos de deslocação na formação de horizontes foi particularmente bem desenvolvido, utilizando muitas regiões do mundo como exemplo. O mecanismo de formação de diferentes tipos genéticos de estruturas de dobras foi desenvolvido, a partir da posição de diferentes conceitos tectónicos, com base em pontos de vista mobilistas e fixistas. Os resultados destes estudos têm sido amplamente discutidos na literatura geológica. Na nossa opinião, nestas discussões existem muitos momentos contraditórios, relacionados com o facto de, ao discutir estas ou aquelas questões, os investigadores terem abordado a questão a partir de conceitos diferentes. Por isso, não há necessidade de nos debruçarmos sobre a discussão destes trabalhos.

O nosso objetivo é identificar as principais características do desenvolvimento dos processos de deslocação a partir da posição da teoria geodinâmica da evolução da crosta terrestre: tais como o mecanismo de movimento das massas litosféricas; o papel da deslocação nos processos de formação de montanhas; o papel dos processos de deslocação na origem de falhas profundas; o papel dos processos de deslocação na origem e desenvolvimento posterior de processos vulcano-plutónicos; a formação de zonas de tensão do tipo comprimido e estendido e transformações metamórficas associadas; o papel da geodinâmica; o papel da geodinâmica da evolução da crosta terrestre; e o papel dos processos de deslocação na formação de falhas profundas.

O que foi dito acima afirma inequivocamente que os processos de deslocamento são um dos processos geotectónicos globais que participam ativamente na evolução da crosta terrestre e estão interligados com os principais processos geotectónicos globais, que constituem, cada um separadamente, um grande problema que exige uma investigação especial a partir da posição dos princípios da teoria da geodinâmica da evolução da crosta terrestre (2).

Neste artigo, procuramos identificar e caraterizar as principais características dos processos de deslocação, que desempenham um papel extremamente importante na evolução da crosta terrestre.

Todas as teorias têm valor quando se relacionam bem com as coisas ou processos a que se referem, incluindo as teorias geotectónicas.

Em primeiro lugar, deve notar-se que a origem dos processos de deslocação está relacionada com os processos geodinâmicos. As forças geodinâmicas são as forças motrizes de todos os processos geodinâmicos globais, incluindo os processos de deslocação. E os próprios processos de deslocamento determinam a origem de outros processos geotectónicos de nível comparativamente mais baixo, que estão de acordo com os princípios da teoria geodinâmica da evolução da crosta terrestre. Os principais deles são referidos acima e requerem uma explicação mais detalhada.

Estes processos incluem o mecanismo de movimento das massas litosféricas. O movimento das massas litosféricas e os seus padrões de desenvolvimento dependem de muitos factores que desempenham um papel importante na formação de certas formas estruturais. Tais como a velocidade de movimento das massas litosféricas e os seus parâmetros geométricos. Por sua vez, a força das massas em movimento predetermina a taxa de deslocação.

Todos eles estão relacionados com o facto de que onde as massas litosféricas são mais poderosas, a velocidade diminui e vice-versa. Este princípio da teoria da geodinâmica da evolução da crosta terrestre é legítimo, uma vez que as massas litosféricas poderosas, pela lei da isostasia, assentam mais profundamente no manto superior do que as pouco poderosas e, neste sentido, inibem o movimento das massas, com o qual a velocidade de mistura das massas litosféricas está relacionada.

Outros factores importantes estão relacionados com os padrões de distribuição das forças geodinâmicas, que se distribuem de forma diferente em algumas regiões do mundo, o que afecta fortemente o movimento das massas litosféricas. Além disso, a distribuição diferencial das forças geodinâmicas cria simultaneamente um quadro muito complexo de tensões na crosta terrestre, tanto comprimidas como esticadas, provocando uma distribuição regular de zonas de compressão e estiramento, sob a forma de zonas divergentes e convergentes, às quais estão associadas a origem e o desenvolvimento de falhas profundas.

O papel das falhas profundas na evolução da crosta terrestre é que, apesar da sua origem estar relacionada com processos de deslocação, elas próprias são de grande importância no desenvolvimento da deslocação. A origem dos processos vulcano-plutónicos, a formação de sistemas e estruturas de dobras montanhosas, bem como as manifestações vulcânicas e os sismos, e muitos outros processos estão intimamente relacionados com os processos de deslocação.

O papel dos processos de deslocação é particularmente importante na formação de muitos minerais, especialmente na formação endógena de minérios.

A origem dos principais tipos de minerais associados aos processos vulcânico-plutónicos está intimamente relacionada com as falhas profundas que desempenharam funções de fornecimento de magma, resultando no fluxo de produtos juvenis do manto, incluindo o magma da astenosfera ou os seus derivados, para a litosfera. Estes produtos foram erupcionados sob a forma de erupções vulcânicas ou no interior da litosfera sofreram diferenciação, bem como participaram em processos de assimilação e contaminação, que provocam a formação e constituição de diferentes tipos de complexos rochosos e minerais associados.

Para além do acima mencionado, como resultado dos processos de deslocação na crosta terrestre, formou-se um quadro complexo de tensões de vários tipos genéticos, tanto de compressão como de tração. Estas condicionam a formação e a formação de minerais de origem metamórfica.

Os processos de deslocação também desempenham um papel importante na formação e modelação de sistemas de montanhas e dobras, bem como na formação de minerais associados a estes processos de deslocação. Os processos de deslocamento também influenciam ativamente o desenvolvimento dos processos de desnudação. Durante a deslocação, formam-se relevos positivos, representados por numerosas estruturas montanhosas, que determinam a intensidade dos processos de denudação que participam na evolução da crosta terrestre.

A origem e o desenvolvimento dos processos vulcânico-plutónicos e de outros processos geológicos, como os processos de assimilação, diferenciação e contaminação, estão também relacionados com os deslocamentos da litosfera, pelo menos indiretamente. Com efeito, estes processos formam-se e desenvolvem-se na litosfera, que se desenvolve sob a influência de massas em movimento.

Os processos de deslocação desempenham um papel especial na origem e no desenvolvimento de elementos descontínuos, tais como falhas profundas, bem como outras perturbações tectónicas que se formam durante o movimento das massas litosféricas, às quais estão associadas várias re-formações tectónicas que acompanham os terramotos. Estes últimos também desempenham um papel importante nas mudanças na estrutura da crosta terrestre, que também afectam significativamente o desenvolvimento de processos internos da crosta terrestre. Estes processos desempenham um papel importante na formação de vários tipos de complexos rochosos e na formação associada de depósitos minerais.

Em relação aos processos de deslocação, é possível caraterizar em pormenor o desenvolvimento de muitos processos geológicos que não estão direta ou indiretamente relacionados com as deslocações. Estes processos incluem: formação e desenvolvimento de todos os tipos genéticos de falhas profundas; formação e desenvolvimento de processos vulcano-plutónicos; processos vulcanossísmicos e tectónicos sísmicos; bem como muitos outros processos, que estão relacionados com os processos de deslocação e são de grande importância nas transformações intra-litosféricas.

De um modo geral, o que foi dito acima mostra que os processos de deslocação desempenham um papel importante na evolução da crosta terrestre. Sem ter em conta estes processos, os estudos geológicos, incluindo os estudos paleotectónicos, não são possíveis.

Assim, a análise dos processos de deslocação a partir da posição da teoria da geodinâmica da evolução da crosta terrestre abre um novo horizonte para os investigadores das ciências naturais, incluindo os geólogos. Os resultados destes estudos têm não só um carácter científico, mas também uma grande importância prática para a descoberta e exploração de depósitos minerais.

21. HIPERBASITAS ALPINOTÍPICAS: ORIGEM E MECANISMO DE FORMAÇÃO

Anotação. A partir da posição do conceito de geodinâmica da evolução da crosta terrestre (CDEZK), analisa-se a origem e o mecanismo de formação das rochas dos complexos de rochas ofiolíticas na estrutura crustal como um todo. Este artigo explica também a forma de participação dos complexos de rochas ofiolíticas nas estruturas montanhosas das zonas de dobra. A forma da sua formação, bem como as suas relações com rochas de complexos ofiolíticos de rochas de hiperbasitos alpinotípicos e o seu mecanismo de movimento para a zona superior da litosfera de estruturas dobradas por colisão, no exemplo das formações ofiolíticas do Cáucaso Menor, são indicadas.

Os complexos de rochas ofiolíticas estão amplamente desenvolvidos na crosta terrestre. Têm sido investigados em pormenor e os seus problemas genéticos têm sido discutidos com base no exemplo de muitas regiões do mundo. Os problemas dos ofiolitos são amplamente discutidos na literatura geológica (142-146,147-150), onde existem pontos contraditórios sobre a sua origem, formação e distribuição na crosta terrestre (42).

A nossa tarefa é delinear, a partir da posição da teoria da geodinâmica da evolução crustal (CDEZK), as questões que dizem respeito principalmente à origem, condição e mecanismo de formação de alguns tipos genéticos, associações de ofiolitos, incluindo hiperbasitos alpinotípicos.

No início, notamos que muitos investigadores acreditam que os ofiolitos são relíquias antigas de tipos oceânicos da crosta terrestre. Em geral, os ofiolitos consistem em diferentes tipos genéticos de rochas, incluindo hiperbásicos, gabroides, radiolaritos, serpentinitos, etc., que se formaram em condições geotectónicas especiais características de zonas de falhas profundas, ou melhor, em bacias oceânicas.

Os ofiolitos são mais frequentemente designados por hiperbasitos, mas os ofiolitos são produtos transformados de hiperbasitos. Então porque é que o complexo de rochas designado se chama ofiolitos e não hiperbasitos? Aparentemente, está relacionado com o facto de os ofiolitos em zonas de dobra estarem amplamente desenvolvidos sob a forma de serpentinitos, e serem os principais e mais interessantes membros desta associação, que chamaram a atenção para o objeto geológico que requer estudos geológicos especiais, e as outras rochas das partes constituintes da associação de ofiolitos, aparentemente consideradas secundárias.

Na posição do KDESC, a origem dos hiperbasitos está associada a falhas profundas, tanto de desenvolvimento do tipo divergente como convergente, onde a formação e a constituição de rochas do complexo hiperbasítico ocorre em condições de alta pressão, sob a forma de processos vulcanoplutónicos. As rochas intrusivas das associações ofiolíticas são os hiperbasitos, piroxenitos, gabroides e os seus representantes efusivos encontram-se sempre associados a formações sedimentares, incluindo radiolaritos. A sua ocorrência em zonas de dobragem de montanha, especialmente em zonas de colisão, foi naturalmente objeto de animadas discussões. Estes factos foram explicados por especialistas de diferentes formas. A literatura geológica discute-os amplamente, pelo que não faz sentido repeti-los. No entanto, consideramos necessário esclarecer a ocorrência de complexos de rochas ofiolíticas em zonas dobradas de montanha, especialmente em zonas de colisão, onde também efectuámos estudos geológicos no segmento do Cáucaso do sistema de montanhas dobradas dos Alpes.

A familiarização com os dados da literatura mostra que os hiperbasitos alpinotípicos, em todo o território das zonas dobradas, têm uma natureza semelhante (3-13), tanto na composição como na estrutura que atesta a sua formação, bem como condições geotectónicas semelhantes. Estas condições, na maioria das vezes, podem ser zonas de espalhamento de redes de falhas mundiais, o que está de acordo com o princípio da teoria geodinâmica da evolução da crosta, especialmente quando as zonas de espalhamento estão localizadas em partes profundas dos oceanos. Isto deve-se ao facto de nestas zonas não existirem produtos de processos de desnudação, à exceção de produtos finos insignificantes representados pela primeira e segunda camadas sedimentares de bacias oceânicas profundas, que também se caracterizam pelo desenvolvimento de formações de rodiolarite.

Quanto à idade das rochas complexas ofiolíticas, estas podem ter idades diferentes de acordo com o princípio da teoria da geodinâmica da evolução da crosta terrestre. Como as rochas complexas ofiolíticas da posição C do KDESC, podem formar-se em todas as fases de desenvolvimento da crosta terrestre. Apenas em condições geotectónicas específicas características para a sua formação, ou seja, onde existam condições geotectónicas adequadas para a sua formação. E a ocorrência de rochas do complexo ofiolítico em zonas dobradas, onde não existem condições necessárias para a sua formação, predeterminando as suas formas de formação.

Por isso, as opiniões dos cientistas divergem; alguns grupos de cientistas acreditam que se formaram nos locais onde se encontram e têm carácter intrusivo. E outros grupos de cientistas acreditam que o seu aparecimento em zonas dobradas se deve a processos tectónicos a partir das camadas subjacentes da crosta terrestre, onde se formaram, e depois, como resultado de processos tectónicos, deslocaram-se para a sua localização atual, o que está de acordo com o princípio da teoria geodinâmica da evolução da crosta terrestre.

C do KDESC, os hiperbasitos que constituem as partes principais das rochas de associação de ofiolitos podem ser formados em diferentes condições geotectónicas como rochas intrusivas. Em todas as partes inferiores da geosfera litosférica, nas zonas de contacto da litosfera e do manto superior. Além disso, podem deslocar-se das partes superiores da crosta terrestre, como resultado de processos geotectónicos, o que é bastante natural com os princípios da teoria da geodinâmica da evolução da crosta terrestre.

No entanto, o mecanismo do movimento ascendente dos ofiolitos pode ser diferente. Isto deve-se ao facto de o seu movimento ascendente estar associado a processos de deslocação. E os processos de deslocação com a posição do KDEZK, podem ser diferentes. Portanto, cada tipo genético de deslocação, contribui de forma diferente para o mecanismo de movimento das massas litosféricas, os hiperbasitos também fazem parte da litosfera, independentemente do local onde se formaram. Tendo em conta que os ofiolitos se formaram principalmente nas zonas mais baixas da litosfera ou nas zonas mais profundas da crosta terrestre, onde a probabilidade da sua formação primária é elevada, que posteriormente se deslocaram daí para diferentes partes da crosta terrestre.

Estas deslocações são causadas por processos de deslocação do tipo geral global e colisional do desenvolvimento da crosta terrestre. Note-se que os complexos de rochas ofiolíticas são as rochas mais difundidas, que se encontram amplamente localizadas em muitas regiões do mundo (1-13). Quanto às formações ofiolíticas, designadas na literatura por hiperbasitos alpinotípicos, encontram-se disseminadas nas zonas montanhosas dobradas dos Alpes, incluindo o Cáucaso.

Existem várias opiniões contraditórias sobre a origem e as condições de formação dos ofiolitos, que se encontram disseminados no Azerbaijão e na Turquia, e que podem ser divididas em dois grupos. Alguns grupos afirmam que os ofiolitos se formaram na localidade, enquanto outros defendem que são alóctones e são relíquias do tipo oceânico da crosta terrestre. E também, cada um deles traz os seus argumentos para provar a justeza das suas opiniões, o que é natural.

Sem nos determos no desmantelamento destas opiniões, consideramos necessário exprimir a nossa opinião a partir da posição do KDESC. O autor deste artigo efectua há muito tempo estudos vulcanológicos e geotectónicos no Cáucaso Menor, onde os complexos de rochas ofiolíticas estão amplamente desenvolvidos, e tornou-se necessário prestar atenção a este problema.

Durante o estudo da história do desenvolvimento tectónico da região, tornou-se claro que muitas questões do desenvolvimento dos complexos de rochas ofiolíticas requerem estudos especiais, incluindo a origem dos ofiolitos e os seus padrões de distribuição. Uma vez que as rochas que compõem as associações de ofiolitos não estão de acordo com os princípios de desenvolvimento da geologia clássica, requerem as suas próprias explicações.

Nas rochas do complexo vulcanogénico-sedimentar do Cenozoico, que têm uma história normal de desenvolvimento tectónico, são subitamente encontradas rochas do complexo ofiolítico, estranhas à região, o que gera várias discussões entre defensores de diferentes conceitos teóricos.

A partir da posição da teoria geodinâmica da evolução crustal, as principais razões para estas discussões estão relacionadas com o facto de abordarem estes problemas a partir da posição de diferentes conceitos geotectónicos, que não estão isentos de lacunas. Devido ao facto de serem construídos a partir de diferentes pontos de vista, condicionando o terreno para a criação da discussão. Para encontrar uma resposta inequívoca a esta discussão, é necessário um conceito maduro, com base no qual se pode encontrar uma explicação lógica de certas questões, incluindo muitas questões discutíveis do problema dos ofiolitos.

De acordo com a posição do KDESC, as rochas dos complexos ofiolíticos, especialmente os hiperbasitos alpinotípicos, que são os principais componentes das rochas das associações ofiolíticas, formaram-se em condições profundas, principalmente nas zonas de junção da astenosfera e da litosfera, e depois deslocaram-se para diferentes partes da crosta terrestre em resultado de processos geotectónicos. É muito provável que se tenham formado tanto em zonas de tração como de compressão.

A julgar pela composição do material, os hiperbasitos alpinotípicos passaram de uma zona de extensão, onde se formaram em condições de fundo oceânico profundo, para associações com radiolaritos, que estão por toda a parte e em todo o lado acompanhados de formações ofiolíticas.

Agora resta descobrir o mecanismo de deslocação destas formações na superfície diurna. Muitos investigadores acreditam que os ofiolitos não se formaram no local e são deslocados dos locais primários de formação sob a forma de saliência, não podemos discordar deste ponto de vista. Ao mesmo tempo, é de notar que esta não é a única forma de deslocação dos complexos de rochas ofiolíticas e que são possíveis outras formas de deslocação.

Isto deve-se ao facto de os processos tectónicos serem muito complexos e de natureza diversa. Por conseguinte, o mecanismo de movimento das formações ofiolíticas também é diverso. Especialmente as suas trajectórias de deslocamento são diferentes dos diferentes tipos genéticos de sistemas de dobras de montanha, o que é bastante natural e lógico a partir da posição do KDESC.

Fig.1. Diagrama de blocos de afloramentos reflectores de complexos de rochas ofiolíticas na superfície da Terra

Nas zonas de colisão, podem ser levantadas por processos de colisão nas camadas superiores da crosta terrestre e depois descobertas por processos de erosão. Em primeiro lugar, devemos notar que o território do Cáucaso Menor, de acordo com as opiniões dos principais investigadores do Cáucaso Menor, pertence a zonas de colisão, especialmente nas suas fases tardias de desenvolvimento no Cenozoico. Antes disso, era uma zona de acumulação de sedimentos, que se desenvolveu em condições marinhas.

Em zonas de colisão, podem ser elevadas com dobras de colisão na crosta superior e depois abertas por processos erosivos. Exemplos disto são as rochas complexas ofiolíticas onde as suas secções normais são observadas. Por exemplo, onde todos os tipos de rochas complexas, que fazem parte de associações de ofiolitos, são traçados.

Assim, como se pode ver nas rochas acima referidas, as associações de ofiolitos estão amplamente desenvolvidas em todo o mundo, incluindo nas zonas de dobragem das montanhas. A origem dos ofiolitos como corpos geológicos, bem como outras questões relacionadas com as associações de ofiolitos, incluindo as suas condições geotectónicas de formação, o mecanismo de movimento na crosta terrestre e muitos outros problemas, são explicáveis a partir da posição da teoria da geodinâmica da evolução da crosta terrestre, o que é incontestável.

22. IRREGULARIDADES NA ESPESSURA DA CROSTA E SEU SIGNIFICADO NA EVOLUÇÃO DA CROSTA

Anotação. Neste artigo são apresentadas as razões para a diferença de espessuras da crosta e o seu significado na evolução da crosta terrestre do ponto de vista do conceito (KDESC). Verifica-se que as zonas crustais mais espessas assentam mais profundamente no manto superior pela lei da isostasia e, devido a este facto, o seu movimento é mais lento do que o das zonas crustais vizinhas. Por esta razão, a velocidade de deslocação das massas litosféricas tem um carácter de desenvolvimento difencial, que no futuro predetermina a evolução futura dos processos geotectónicos.

Todos os dados disponíveis mostram que as espessuras da crosta terrestre são diferentes, neste contexto, a lei da isostasia e a sua subsidência no manto superior têm um carácter diferencial de desenvolvimento. E esta circunstância, por sua vez, afecta o carácter de deslocamento das massas litosféricas, causando a criação na crosta terrestre de tensões complexas, resultando na deformação da crosta terrestre em geoblocos separados. Estes geoblocos, em regra, são delimitados por falhas profundas de carácter de desenvolvimento divergente e convergente.

Tudo isto sugere que as espessuras das partes constituintes da crosta terrestre são de grande importância no desenvolvimento dos processos geotectónicos. Uma vez que as espessuras estão associadas aos movimentos escalonados das massas litosféricas, à deformação da crosta, ao carácter diferencial das velocidades de cada uma das 135

geoblocos da litosfera, a origem de falhas profundas, a criação de zonas de tensão, etc. Por conseguinte, os parâmetros geométricos dos geoblocos individuais da crosta terrestre predeterminam a natureza e o desenvolvimento destes processos geotectónicos, que são de grande importância na evolução da crosta terrestre. Estes processos geotectónicos incluem todos os tipos genéticos de falhas profundas, manifestações vulcânicas e sismos, deformação da litosfera, formação de alguns tipos genéticos de estruturas de dobras montanhosas, especialmente estruturas montanhosas do tipo colisional e de deslocamento, etc...

Para além do acima exposto, deve notar-se que as zonas de tensão estão principalmente localizadas submeridionalmente e paralelas umas às outras, e estão associadas à rotação da Terra em torno do seu eixo. Ao mesmo tempo, as zonas de tensão podem ser criadas em direcções sublatitudinais, criadas com forças centrífugas de Zeamli, que, em regra, se espalham perto das faixas equatoriais da Terra, subparalelas entre si.

A espessura da crosta terrestre predetermina em grande medida o carácter de desenvolvimento de muitos processos geotectónicos, incluindo a distribuição de falhas profundas de vários tipos genéticos, a origem e o desenvolvimento de processos vulcânico-plutónicos, processos de desnudação, a formação de sistemas de dobragem de montanhas, bem como a formação de depósitos minerais e muitos outros.

Na distribuição das falhas profundas globais, a natureza e a espessura da crosta terrestre são de particular importância. Uma vez que, durante o movimento das massas litosféricas, as suas secções mais espessas são depositadas mais profundamente no manto superior e dificultam a sua predivisão, em ligação com estes movimentos das massas litosféricas obtêm um carácter diferencial, desenvolvimento, que está associado à deformação da crosta terrestre em diferentes geoblocos e estas características desempenham um papel importante no desenvolvimento posterior de muitos processos geotectónicos, bem como na sua distribuição. Por conseguinte, em diferentes regiões, para o desenvolvimento de processos geotectónicos, existem diferentes condições geotectónicas que predeterminam a origem e a formação de depósitos minerais. A importância das condições geotectónicas para a formação e acumulação de compostos de minério é geralmente conhecida e estes problemas são amplamente discutidos na literatura geológica. Por conseguinte, não há necessidade de nos debruçarmos sobre a análise destas questões.

Uma das principais questões, em função das espessuras, é a natureza e a distribuição dos processos vulcanoplutónicos, as particularidades da sua evolução, 136

que estão intimamente relacionados com o carácter do desenvolvimento da crosta terrestre. É de notar que as partes principais dos processos vulcanoplutónicos estão ligadas a processos profundos do manto, e os processos profundos manifestam-se mais ativamente onde a crosta terrestre é fina. Por conseguinte, nas áreas de distribuição dos tipos oceânicos da crosta terrestre, a atividade das manifestações vulcânicas é mais intensa e, nos tipos continentais da crosta terrestre, a atividade das erupções vulcânicas está ausente ou manifesta-se de forma fraca. Isto explica-se, em primeiro lugar, pela espessura da crosta terrestre. Neste caso, é possível notar duas características da crosta terrestre que influenciam a manifestação dos processos vulcânicos. Talvez esteja relacionado com a espessura da crosta, onde sob ela a atividade do manto é mais fraca, ou seja, a transformação de fase físico-química ocorre de forma fraca e, no segundo caso, pode estar relacionado com o facto de os produtos de gás-fluido que saem do manto ou da astenosfera no interior da litosfera e que caem em zonas não planificadas da crosta terrestre serem sujeitos a assimilação e diferenciação de produtos magmáticos enfraquecidos, pelo que não podem surgir na superfície da Terra sob a forma de erupções vulcânicas. Em ambos os casos, o papel da espessura da crosta desempenha um papel importante no desenvolvimento dos processos vulcano-plutónicos.

A espessura desigual da crosta terrestre desempenha um papel importante na formação dos sistemas de dobras de montanha. Em primeiro lugar, quando a crosta terrestre se divide em geoblocos, os maiores blocos são formados onde a sua espessura é grande. Estes blocos são resistentes à destruição. Uma vez que, durante a deformação da crosta, a crosta terrestre é sujeita a destruição, o que se deve à sua estrutura em blocos. Assim, nas zonas mais poderosas da crosta terrestre formam-se grandes geoblocos e nas zonas mais finas formam-se geoblocos mais pequenos. Todas estas circunstâncias determinam a evolução futura da crosta terrestre. Influenciam especialmente a origem e os padrões de distribuição dos sistemas de dobras de montanha, tanto na direção horizontal como na área.

A cada categoria de geoblocos correspondem processos geotectónicos inerentes. Estes processos incluem a origem de processos vulcanoplutónicos, a formação de sistemas de dobras mineiras multiarrancadas, manifestações vulcânicas e sismos. E dentro destes processos ocorrem vários processos geológicos de pequena escala, que são amplamente discutidos na literatura geológica e aqui não há necessidade de nos debruçarmos sobre eles, no entanto, notamos que estão associados a vários tipos de fósseis rastejantes Para além dos acima mencionados, outros grandiosos processos geotectónicos globais estão associados às espessuras, tais como deslocamentos esclavados de massas litosféricas, que estão associados à origem e formação do quadro global de redes de falhas profundas, incluindo a origem de supertransformações.

Assim, os elementos acima referidos mostram que as espessuras geneticamente relacionadas com a origem e a evolução de todos os processos geotectónicos, tais como erupções vulcânicas, sismos e terramotos.

23. ZONAS DE TENSÃO DE ROTAÇÃO DA TERRA E SEU SIGNIFICADO NA EVOLUÇÃO DA CROSTA TERRESTRE

Anotação. Este trabalho analisa a origem das zonas de tensão crustais a partir da posição do conceito de evolução geodinâmica crustal (CDEZK) e os seus padrões de distribuição, bem como o seu significado na evolução da crosta terrestre. Verifica-se que as forças geodinâmicas associadas à rotação da Terra na crosta terrestre se distribuem de forma regular e condicionam a formação de diferentes zonas de tensão características, às quais está associada a origem dos processos geotectónicos. As zonas de tensão incluem zonas divergentes e convergentes, sendo cada uma delas caracterizada por várias zonas regionais e locais de compressão e tensão. Estas zonas estão associadas a uma variedade de processos geológicos que predeterminam o isolamento e a acumulação de componentes de minério que desempenham um papel importante na formação de depósitos minerais.

A análise das características de numerosos processos geotectónicos mostra que estes ocorrem como resultado da criação de zonas de tensão associadas à rotação da Terra, ou seja, sob a influência de forças geodinâmicas.... A 139

A origem das diferentes tensões características está intimamente relacionada com a dinâmica do desenvolvimento do movimento das massas litosféricas, que se desenvolvem diretamente sob a influência das forças geodinâmicas. Portanto, a criação de tensões na crosta terrestre está diretamente relacionada com as regularidades do desenvolvimento das forças geodinâmicas.

Ao mesmo tempo, formam-se na crosta terrestre zonas de tensão extremamente diversas com diferentes contornos geométricos, que são condicionadas pelo carácter do desenvolvimento das forças geodinâmicas. As zonas de tensão globais desenvolvem-se ao longo das direcções submeridiolal ou sublatitudinal, que são claramente consistentes com a zona de propagação de tensão de carácter divergente e convergente de desenvolvimento, que reflectem claramente a forma de formação de zonas de tensão que ocorrem sob a influência de forças geodinâmicas.

Criadas com a deslocação de massas litosféricas, na mesma direção correspondem ao desenvolvimento de forças geodinâmicas dirigidas de oeste para leste, assim como dos pólos da Terra para o seu equador são a consequência destas forças geodinâmicas. Isto mostra claramente que estas deslocações ocorrem sob a influência destas forças. Sob a influência destas forças, desenvolvem-se zonas divergentes em zonas de alongamento, e zonas convergentes em zonas de compressão, às quais estão associadas, respetivamente, deslocações submeridionais e sub-curtas.

Simultaneamente, ocorrem deslocamentos de massas litosféricas, desde os pólos da Terra até ao seu equador, associados às forças cerntroscópicas terrestres, provocando assim zonas de compressão ao longo da direção sublatitudinal, às quais se associam a formação e a formação de transformações metamórficas de carácter global de desenvolvimento. Neste ponto é de notar que, apesar de estar claramente estabelecido que as forças geodinâmicas se desenvolvem na direção Este e dos pólos da Terra para o seu equador, porque é que se desenvolvem nas direcções sublatitudinal e submeridional, respetivamente? A resposta é uma só: a partir das relações mútuas destas diferentes forças, criam-se forças tangenciais, que dão um carácter sinuoso ao desenvolvimento destas forças, as quais se observam claramente em todas as zonas da crosta terrestre, com exceção dos pólos da Terra, onde as forças geodinâmicas estão ausentes, confirmando mais uma vez que todas as variedades de forças geodinâmicas estão intimamente relacionadas com a rotação da Terra.

A caraterística do desenvolvimento destas forças é que elas dominam uma após a outra, dependendo de onde se desenvolvem. A análise do desenvolvimento dos processos de deslocamento é mostrada pela proximidade do equador, o papel dominante pertence às forças geodinâmicas que se desenvolvem ao longo da direção leste, e à medida que a separação do equador o papel dominante passa para o lado das forças geodinâmicas que se desenvolvem dos pólos da Terra para o seu equador.

Assim, a partir da relação de forças geodinâmicas diferentemente dirigidas, a direção das deslocações das massas litosféricas está sujeita a alterações. Os processos de deslocação no hemisfério norte desenvolvem-se na direção sudeste e no hemisfério sul na direção nordeste.

Todas elas são forças geodinâmicas, cuja manifestação ocorre no espaço da litosfera.

As manifestações das forças dinâmicas ocorrem em todas as esferas da Terra, mas nós, como especialistas que estudam a Terra, notamos a sua manifestação na litosfera como os seus elementos constituintes. E as manifestações das forças dinâmicas noutras geosferas da Terra, por exemplo, na hidrosfera, ou nas camadas atmosféricas, podem ser interessantes para outros especialistas que se interessam por problemas globais das ciências naturais, incluindo oceanólogos, hidrogeólogos e climatologistas, etc. Independentemente do local, as forças geodinâmicas expressam-se com padrões comuns. Isto deve-se ao facto de serem regidas pelas leis gerais da física e da mecânica e de estarem todas relacionadas com as rotações da Terra. Por isso, não podem escapar ao quadro destas regularidades.

Quanto à manifestação destas forças geodinâmicas no interior da litosfera, exprimem-se em formas e relações muito complexas, uma vez que todos os processos geológicos possíveis, desde os mais pequenos aos maiores, incluindo os processos globais, não podem sair do quadro destas leis, é axiomático.

Quanto à variação destes processos num ou noutro meio, incluindo a litosfera, depende de muitos factores. Os principais são a espessura das massas litosféricas, o seu afastamento dos pólos da Terra, a sua estrutura e composição litológica, as características estruturais e morfológicas, etc. Cada um destes factores influencia de forma diferente as regularidades da distribuição de tensões no espaço, incluindo na massa da litosfera.

As principais zonas de tensão espalham-se em direcções submeridionais, que ocorrem sob a influência das forças geodinâmicas que se desenvolvem ao longo da direção leste. Sob a influência destas forças, formam-se zonas de divergência e convergência paralelas entre si (Fig.2).

As regras gerais acima mencionadas, sobre a regularidade da distribuição das forças de tensão na substância da litosfera, também não podem deixar a sua influência no desenvolvimento dos processos geotectónicos, que desempenham um papel importante nos processos de re-formação que ocorrem tanto nas massas da litosfera como noutras esferas da Terra.

Consequentemente, estas forças de tensão na litosfera criam um quadro muito complexo de zonas de tensão, que são acompanhadas pela manifestação de vários processos geotectónicos, como a subducção, o espalhamento, bem como a formação de diferentes elementos morfoestruturais sob a forma de sistemas de dobras de montanha. Todos estes processos não ocorrem como consequência de transformações metamórficas, que são generalizadas, tanto em zonas de compressão como de tensão, que se manifestam com as suas próprias características especiais.

As rochas metamórficas, em toda a sua diversidade, são produtos de forças dinâmicas que têm uma ampla distribuição espacial na crosta terrestre. Numerosos trabalhos têm sido dedicados ao estudo das rochas metamórficas de reformação. As questões individuais do problema das transformações metamórficas encontraram o seu reflexo em muitas obras fundamentais.

Não é nossa tarefa analisar os problemas das transformações metamórficas, que são amplamente abordados na literatura geológica. Limitamo-nos apenas ao facto de como as forças geodinâmicas globais afectam a formação dos processos metamórficos.

Assim, como foi dito acima, os principais produtos metamórficos são o produto de forças geodinâmicas que são difusamente distribuídas na face da Terra. As tensões na crosta terrestre não se limitam às transformações metamórficas. Isto é mais amplamente entendido no desenvolvimento da Terra. As tensões no espaço terrestre não se limitam às manifestações metamórficas. São claramente expressas com manifestações de zonas divergentes e convergentes, bem como a formação de quadros globais de zonas divergentes e convergentes, que se expressam na formação e desenvolvimento de processos geológicos, que estão associados a manifestações de formação de minérios endógenos, exigindo a relevância do seu desenvolvimento com a posição de conceitos tectónicos, incluindo KDEZK.

Sem dúvida, cada conceito tem um resultado prático que condiciona a sua relevância. E o conceito-KDESC em termos de importância abrange principalmente problemas globais que estão associados ao desenvolvimento da evolução da crosta terrestre. A análise do desenvolvimento destes problemas, tais como o mecanismo de movimento das massas litosféricas, o desenvolvimento das falhas profundas globais e os processos vulcanoplutónicos, o desmembramento da crosta terrestre e a formação de diferentes tipos de zonas estáveis e móveis, os processos de formação de minérios e muitos outros problemas que estão predeterminados com a distribuição das tensões na face da Terra. A análise destes processos globais, a partir da posição da KDEZK, tem não só valor teórico, mas também uma grande importância prática. O esclarecimento da natureza dos processos globais acima mencionados é de grande importância na preparação de projectos científicos, bem como na preparação de trabalhos de prospeção e exploração. Em geral, a importância prática de descobrir as verdadeiras causas da formação e desenvolvimento de processos globais, incluindo o desenvolvimento de zonas de tensão, que estão associadas à formação e colocação de componentes de minério, que têm uma importância pré-determinada na formação de depósitos minerais.

Assim, o acima mencionado mostra inequivocamente que todos os tipos genéticos de sub-objectos geológicos, bem como os processos geológicos locais a eles associados, incluindo todos os tipos genéticos de formação de minério, estão intimamente relacionados com o desenvolvimento destas zonas de tensão.

24. PAPEL DOMINANTE DOS FENÓMENOS ANÓMALOS NO DESENVOLVIMENTO DOS PROCESSOS VULCANOPLUTÓNICOS

Anotação. Neste artigo é elucidado o papel dos fenómenos anómalos no desenvolvimento dos processos vulcano-plutónicos. Constata-se e prova-se que a origem dos processos vulcano-plutónicos está ligada ao desenvolvimento de fenómenos anómalos, incluindo os fenómenos astenosféricos, que são um dos principais elementos dos processos que ocorrem entre as diferentes geosferas da Terra. E os processos vulcanoplutónicos, sendo por natureza um processo geotectónico, ocorrem no interior da litosfera, mas estão intimamente relacionados com a astenosfera e outros tipos de fenómenos anómalos formados nas zonas entre a litosfera e o manto superior, bem como entre outras geosferas da Terra, onde ocorre a ativação de transformações de fase físicas e químicas.

A partir da posição da teoria da evolução geodinâmica da crosta terrestre, a rotação da Terra cria forças geodinâmicas que causam a formação de vários tipos genéticos de fenómenos anómalos, tais como astenosfera, plumas, diapiros, suturas, etc. fenómenos anómalos. Quando a crosta terrestre é deformada, criam-se redes de falhas profundas de carácter trans-mantílico, que provocam a descompactação da substância superior do manto, com a qual se relacionam as origens dos processos vulcânico-plutónicos. Durante o desenvolvimento de falhas profundas, nas áreas onde as falhas atingem o manto superior e há uma deplantação da substância do manto superior, o que causa excesso de energia correspondente a eles aumenta o volume de massa. Estas substâncias não fundidas do manto superior, através de falhas profundas, tendem a subir para o topo, ou seja, para a superfície da Terra ou para a sua litosfera. Todos estes processos são, de facto, processos vulcanoplutónicos. Por sua vez, os processos vulcanoplutónicos provocam a formação e mestilchik para a formação de vários tipos genéticos de minerais, que são amplamente discutidos na literatura geológica, pelo que não é necessário deixar de caraterizar estes minerais.

A nossa tarefa é explicar as características dos aspectos geotectónicos das condições de formação dos processos vulcano-plutónicos a partir da posição do conceito. É de notar que os principais tipos endógenos de acumulações de minério estão geneticamente intimamente relacionados com os processos vulcano-plutónicos. A relação entre a origem dos principais tipos de mineralização de minério e os processos vulcano-plutónicos é aceite por todos os investigadores no domínio da metalogenia, da petrologia e de outros ramos das ciências geológicas.

No entanto, muitos problemas dos processos vulcanoplutónicos, especialmente os seus problemas genéticos, não estão claramente reflectidos nas fontes geológicas e, por isso, há uma série de lacunas. Estas lacunas incluem as seguintes:

1. A origem e a distribuição dos processos vulcanoplutónicos não estão suficientemente esclarecidas.

2. Não foi estabelecido de forma inequívoca que forças estão associadas à formação de processos vulcanoplutónicos.

3. Processos vulcanoplutónicos, com que leis se regem, etc.

Neste sentido, o estudo da aspekty geotectónica a partir da posição dos processos vulcanoplutónicos do KDEZK é de grande importância e traz muitos esclarecimentos sobre a origem e sobre os padrões da sua distribuição.

A forma de manifestação vulcanoplutónica é bastante diversa, o que se deve principalmente à manifestação de vários processos profundos, tanto no sentido genético como nas características morfológicas. Por isso, a elucidação da natureza dos principais processos geológicos, no aspeto genético, incluindo o vulcanoplutónico, é de grande importância. Tem-se verificado que as forças motrizes dos principais processos geotectónicos, incluindo os vulcanoplutónicos, estão relacionadas com a rotação da Terra.

Uma vez que, dado que a origem de muitos processos globais está relacionada com as forças geodinâmicas da Terra, que nascem durante a sua rotação em torno do seu eixo. Tais processos incluem a origem de fenómenos anómalos como a astenosfera, plumas, suturas, etc.; as redes globais de falhas profundas, a formação e o mecanismo de formação de processos vulcânicos-plutónicos estão também relacionados com estes processos. Quando as falhas profundas globais são estabelecidas, isso indica que sob elas há uma transformação de fase físico-química, cujos produtos participam na formação de processos vulcano-plutônicos, que também desempenham um papel importante na formação e formação de depósitos minerais. Todos estes processos nas zonas de falhas profundas, que estão essencialmente a ligar elementos do manto e da litosfera da crosta terrestre e as suas superfícies, que são mestres de levantar matéria do manto.

A matéria mantélica é essencialmente a principal fonte de formação de minérios endógenos em todas as suas variedades. Esta substância no interior da litosfera está sujeita a um desenvolvimento natural. Ao número de tais processos deve ser atribuído, principalmente, o assimliaceno e os sesses diferenciais, que ocorrem no interior da litosfera, que determinam a origem e o mecanismo de formação dos principais tipos de formação de minério endógeno, do que se dedicam numerosos trabalhos científicos.

25. A LEI DA ISOSTASIA E O SEU SIGNIFICADO NA EVOLUÇÃO DA CROSTA TERRESTRE

Anotação. **Na construção da teoria da geodinâmica da evolução da crosta terrestre são tidas em conta as leis básicas da física e da mecânica, com as quais se comprova a validade das principais disposições do conceito desenvolvido. O trabalho apresentado é dedicado à elucidação do papel da lei da isostasia, uma das leis reconhecidas da física, que são de grande importância na evolução da crosta terrestre a partir da posição da teoria da geodinâmica da evolução da crosta terrestre (KDEZK). É notado e provado que o papel da lei da isostasia na evolução dos processos geotectónicos é de grande importância, porque como resultado da lei da isostasia a velocidade de movimento das massas litosféricas tem um carácter diferencial, que está associado à criação de tensão entre geoblocos individuais da crosta terrestre. E a tensão criada na litosfera pela natureza e pelo desenvolvimento é bastante diversa e tem dependências directas com o desenvolvimento das forças geodinâmicas devido à rotação da Terra em torno do seu eixo.**

A natureza e o desenvolvimento das tensões na crosta terrestre manifestam-se de várias formas, tanto em termos de intensidade como de regularidade de distribuição. As principais zonas de tensão são criadas nas direcções submeridional e sublatitudinal, o que indica que estão intimamente ligadas à rotação da Terra. Com a rotação da Terra em torno do seu eixo, as massas litosféricas deslocam-se de oeste para leste e dos pólos da Terra para o seu equador. Isto cria uma cascata de tensões muito complexa, que se deve à destruição e à deformação das massas litosféricas, que é acompanhada pela formação de falhas profundas globais, que têm um papel extremamente importante no desenvolvimento da crosta terrestre (Fig. 1).

Como é sabido, as massas litosféricas localizadas no manto superior têm espessuras diferentes e as camadas mais espessas da litosfera são mais finas na zona de isostasia do manto e, neste contexto, o movimento das massas torna-se mais difícil. Por esta razão, a velocidade do movimento da massa litosférica tem um carácter diferencial de desenvolvimento. Em conexão com esta circunstância, as massas litosféricas estão sujeitas a deformação e colapso, o que está associado ao desmembramento das massas litosféricas em geoblocos separados. Estes geoblocos, no futuro, comportam-se, em certa medida, de forma autónoma no desenvolvimento geotectónico da crosta terrestre.

A deformação das massas litosféricas é acompanhada pela formação de vários tipos genéticos de falhas profundas. As principais causas da deformação das massas litosféricas estão relacionadas com as diferentes espessuras da crosta terrestre. A variabilidade da espessura das massas litosféricas é controlada pelo desenvolvimento natural das acumulações de sedimentos, e a sua forma de assentamento no manto superior é controlada pela lei da isostasia. Por sua vez, a lei da isostasia controla a taxa de movimento das massas litosféricas.

A partir da posição do KDEZK, as espessuras da crosta terrestre têm significados diferentes. Isto é natural, uma vez que não pode ser monótono, o que está relacionado com o desenvolvimento global multifacetado dos processos geológicos, o que está de acordo com os princípios do KDEZK.

A diversidade da espessura da crosta terrestre também se mede com a intensidade dos processos geotectónicos, que se manifestam, nas mais diversas formas, em diferentes zonas da Terra. Isto mede-se, em primeiro lugar, pelo facto de todos os processos geotectónicos ocorrerem sob a influência de forças geodinâmicas, predeterminando a natureza do desenvolvimento da crosta terrestre como um todo. As forças geodinâmicas são mais activas nas faixas quase equatoriais da Terra, as quais, à medida que a Terra se afasta do equador em direção aos pólos, vão enfraquecendo gradualmente devido à diminuição do comprimento dos raios da Terra.

Por esta razão, os processos geotectónicos mais activos ocorrem nas zonas latitudinais próximas da Terra. Isto é evidenciado pelo desenvolvimento de processos vulcanoplutónicos e terramotos, que são mais activos nestas zonas. A atividade dos principais processos geotectónicos em processo de afastamento na direção dos pólos da Terra, visivelmente enfraquecida, nas zonas dos pólos está quase ausente ou manifesta-se de forma muito fraca.

Outra caraterística importante da lei da isostasia é que o seu valor depende muito da localização, em relação aos pólos da Terra. Isto deve-se ao facto de que, à medida que a Terra se afasta dos pólos, o carácter e as direcções das forças geodinâmicas mudam, devido ao desenvolvimento de forças geodinâmicas tangenciais. A partir da posição da

KDEZK, a influência das forças certrifugas, que participam na formação das forças tangenciais, têm um significado mais notável no desenvolvimento dos processos geológicos, que são dominantes nas zonas próximas dos pólos da Terra. Nestas zonas, as forças tangenciais têm um significado predeterminante na distribuição de tensões na face da Terra.

Além do acima mencionado, a lei da isostasia é mais notavelmente desenvolvida nas zonas tectónicas activas da Terra do que nas zonas estáveis, onde, em regra, se desenvolvem geoblocos pouco profundos, representados por geoblocos menos estáveis, caracterizados por tipos relativamente espessos da crosta terrestre, influenciando o carácter da dinâmica da distribuição da zona de tensão nas zonas móveis. Estes geoblocos, em comparação com a crosta espessa, influenciam ativamente o desenvolvimento da dinâmica da distribuição dos processos geodinâmicos, que por sua vez têm um significado predeterminante no desenvolvimento dos processos geológicos, o que é caraterístico do desenvolvimento geológico das zonas móveis em geral.

Nas zonas sabilares, o carácter de desenvolvimento dos geoblocos difere fortemente das zonas móveis. A partir da posição do KDESC, este facto está associado à dimensão e à espessura dos geoblocos estáveis, que são limitados pelos movimentos de geoblocos individuais, elementos constituintes de geoblocos maiores ou continentes, que se instalam no manto superior, predeterminando o desenvolvimento dinâmico de vastas áreas da Terra. Um exemplo é o supercontinente eurasiático, que terá um impacto profundo não só nas regiões primitivas, mas também em toda a crosta terrestre. A partir da posição da CDEZC, este supercontinente predetermina as características gerais de uma vasta área da Terra. A sua influência na distribuição dos elementos estruturais superdinâmicos da litosfera, tais como os sistemas globais de espalhamento e as zonas convergentes da litosfera no seu conjunto, é fortemente condenada. Este supercontinente é também pré-determinado

características geodinâmicas do desenvolvimento das bacias oceânicas, especialmente do Oceano Pacífico, que se caracteriza pelo rápido desenvolvimento de erupções vulcânicas e terramotos dentro das suas fronteiras. Isto deve-se ao facto de este supercontinente ser o principal obstáculo às forças geodinâmicas que se desenvolvem ao longo da direção leste e de o seu impacto nas massas litosféricas se manifestar de forma mais fraca do que nas zonas móveis, especificamente no Oceano Pacífico.

Por conseguinte, nos envelopes orientais deste supercontinente ocorrem processos de alteração da espessura da crosta sob a influência de forças geodinâmicas, que estão relacionados com a intensidade da manifestação dos processos geotectónicos, o que provoca o rápido desenvolvimento de processos vulcânicos-plutónicos, incluindo erupções vulcânicas e sismos.

Este supercontinente predetermina o desenvolvimento das forças geodinâmicas, a sua esfera de influência não se limita apenas às regiões primitivas do continente, mas afecta também toda a área da Terra, incluindo a pré-distribuição de zonas de tensão de tipo divergente e convergente.

Assim, a importância da lei da isostasia nas transformações geológicas tem um lugar definido. Como indicado acima, todos os processos geotectónicos estão direta ou indiretamente ligados pela lei da isostasia.

26. ORIGEM DOS OCEANOS E DOS CONTINENTES

Anotações. A origem dos oceanos e dos continentes foi um dos temas actuais da geotectónica e hoje é também relevante, uma vez que a solução correcta desta questão é de extrema importância, tendo um significado tanto fundamental como prático. Este trabalho considera a origem dos oceanos e continentes, a partir da posição da teoria da geodinâmica da evolução da crosta terrestre. Verifica-se que se considerarmos que o balanço hídrico é constante, então a sua distribuição na superfície da Terra deverá ser a mesma. Devido ao facto de o relevo da Terra ter diferentes elevações, então, naturalmente, a espessura da água também será diferente, o que provoca a formação de oceanos e continentes. Este é o lado visível da questão. E como se formaram os diferentes relevos altitudinais, e isso requer uma explicação própria, que condicionam a colocação das bacias hidrográficas e terrestres, que requer uma explicação própria. Ou seja, é necessário descobrir que forças estão ligadas à formação do relevo da Terra e por que forças são controladas.

A partir da posição do conceito apresentado, a mudança no relevo da superfície da Terra está intimamente ligada ao movimento das massas litosféricas, que ocorre sob a influência de forças geodinâmicas, e a origem desta última está ligada à rotação da Terra em torno do seu eixo. A variação das alturas comparativas do relevo em relação ao parâmetro geométrico da Terra não é muito grande, variando aproximadamente no intervalo de cerca de 19-20 km (11 km o fundo do oceano mais profundo + cerca de 9 km a montanha mais alta). Uma vez que, essencialmente para a formação dos oceanos, é necessária água e relevo negativo. A origem da água é um processo complexo, aparentemente é um produto de condensados de vapores de alta temperatura formados na fase inicial do desenvolvimento da Terra. Sem tocar na questão genética da origem da água para a formação dos oceanos, tomamo-la como um produto acabado. Quanto à formação dos relevos positivos e negativos, trata-se de uma questão puramente geológica que exige a sua solução lógica. Como indicado acima, em geral, a formação do relevo está intimamente relacionada com a deslocação da crosta terrestre. O processo de deslocação em si é uma questão complexa e está inteiramente sob a influência de forças geodinâmicas. Na deslocação das massas litosféricas, devido ao facto de, em primeiro lugar, estarem sobre a potência ter um carácter diferencial, em segundo lugar, a sua taxa de deslocamento e a taxa de 151

As direcções são diferentes e, sob a influência destas forças, a própria litosfera é sujeita a deformações. Neste sentido, as massas litosféricas sobem e descem, resultando na formação de relevos positivos e negativos, que por sua vez determinam os processos de denudação. Sabe-se que o processo de denudação desempenha uma função restauradora na formação do relevo terrestre como um todo. Na denudação há um desmembramento das formações geológicas primárias, principalmente de composição basáltica básica, em diferentes tipos genéticos de formação sedimentar, bem como metamórfica. E a formação do relevo depende não só do afundamento e da elevação, mas também na sua formação participam numerosos factores, tanto internos como externos, tais como erupções vulcânicas, sismos, terramotos, deslizamentos de terras, processos atmosféricos, etc., bem como processos tectónicos.

Na literatura geológica, prevaleceram e ainda prevalecem diferentes opiniões sobre a origem dos oceanos e dos continentes, reflectindo as correspondentes fases de desenvolvimento das ciências geológicas, que mudam frequentemente com alterações no seu conteúdo, em ligação com a criação de novas teorias e modelos de geotectónica. Este problema foi abordado por muitos investigadores importantes, incluindo V.E. Khain, V.V. Belousov, A.P. Peive, Y.M. Sheinmann, Yanshin, Y.M. Pushcharovsky e muitos outros, tendo cada um destes investigadores desempenhado um papel positivo na explicação deste problema.

O nosso objetivo não é analisar as posições dos investigadores acima mencionados sobre este problema, que são conhecidas na literatura geológica. E a nossa tarefa é esclarecer a natureza e o mecanismo de formação dos continentes e oceanos, a partir da posição da teoria da evolução geodinâmica da crosta terrestre. A partir da posição desta teoria, a Terra em sua história inicial e sua matéria constituinte tinha uma composição básica, e no futuro à custa de sua luz diferencia continentes formados. Isto pode ser confirmado pelo facto de a composição material dos continentes, em geral, ser constituída principalmente por rochas das séries andesito-basalto e andesito, ou seja, um pouco mais ácidas do que as rochas da composição da crosta oceânica e, em geral, a substância dos continentes é constituída por materiais reciclados.

Quanto à camada de granito da Terra, desde então, a sua existência está disponível proivoechnye dados. Na literatura geológica, o mais controverso é a composição e a estrutura dos continentes. E a esta questão são dedicados bastantes trabalhos fundamentais. O principal facto sobre a sua composição foi a existência de materiais geofísicos que confirmam que, alegadamente, a crosta terrestre é constituída por duas camadas, a inferior de basalto e a superior de granito. Esta opinião foi formada principalmente com base nas propriedades físicas das rochas que constituem a crosta terrestre, de tipo continental.

A partir da posição do conceito, e de outros conceitos, é difícil explicar o mecanismo de formação da camada granítica dos continentes, apenas com base nas propriedades físicas. É inequívoco dizer que a existência de camada de granito para justificar, apenas com base na condutividade elétrica é impossível, como a mesma condutividade elétrica pode ter e outros tipos genéticos de rochas. Afinal de contas, a condutividade eléctrica depende não só da composição material das rochas, mas também de muitos outros factores, incluindo a temperatura, a pressão, a densidade, etc. e a solução de questões tão fundamentais como a estrutura dos continentes exige uma abordagem global desta questão.

As primeiras ideias sobre a divisão da crosta terrestre em tipos oceânicos e continentais tinham um carácter algo esquemático. Nos trabalhos anteriores, a sua natureza e também o mecanismo de formação não eram revelados, o que é objeto de grande atenção no nosso conceito. A partir da posição do nosso conceito explicámos não só a natureza de ambos os tipos genéticos da crosta terrestre, mas também expressámos a opinião de que as principais razões para o desmembramento da crosta terrestre estão associadas à sua natureza diferencial de desenvolvimento, associada à natureza geral de desenvolvimento da camada da litosfera da Terra. De acordo com o conceito apresentado, no início, formou-se o tipo oceânico primário da crosta terrestre e, na sua base, formou-se o tipo continental da crosta terrestre. No entanto, em trabalhos anteriores, a natureza de ambos os tipos de crosta terrestre não é revelada de forma suficientemente clara e esta questão não recebe a atenção necessária. A partir da posição dos primeiros trabalhos, há muitas opiniões infundadas, não fundamentadas por factos razoáveis, que podem ser explicadas pelo conceito apresentado. Isto diz respeito especialmente à estrutura dos continentes, uma vez que a presença de camadas de granito na estrutura dos continentes é uma opinião generalizada e não é fixada por dados factuais e a sua existência é difícil de explicar. Na posição do nosso conceito, os continentes são produtos reciclados de tipos oceânicos da crosta terrestre. Este facto é confirmado por todos os materiais geológicos sobre a estrutura da crosta terrestre como um todo. Tal como a estrutura geológica da crosta terrestre, as suas características estruturais e morfológicas, que dizem que os maciços continentais são inteiramente compostos de material do tipo oceânico primário da crosta terrestre ou dos seus produtos reciclados, tais como origem sedimentar ou metamórfica. E a crosta primária, ou seja, a crosta oceânica em comparação com a crosta continental tem uma composição simples, consistindo principalmente de composição básica e ultra-básica, com exceção de camadas sedimentares de baixa espessura de origem atmosférica, formadas com base na sedimentação de materiais piroclásticos de antigas erupções vulcânicas.

E como já foi referido, a presença da camada de granito na estrutura dos continentes tendo lugar nos trabalhos anteriores é difícil de justificar, inclusive o mecanismo da sua formação é difícil de explicar. Uma vez que, o granito é uma rocha ácida, é uma rocha diferenciada das rochas básicas e não pode ser distribuído num grande volume, cobrindo todo o continente, sob a forma de camadas horizontais.

Quanto à presença de formações ofiolíticas, que se distribuem pontualmente nas estruturas geológicas dos continentes, sobretudo nas suas estruturas montanhosas, como os hiperbasitos alpinotípicos, cuja origem tem sido objeto de acesas discussões desde o século passado e até aos nossos dias. Devido ao facto de algumas rochas constituintes dos ofiolitos, como os gabro-peridotitos, tendo natureza intrusiva no entendimento clássico, se encontrarem com uma combinação complexa com complexos sedimentares, como os rodiolaritos, que são formações oceânicas profundas, o que provocou a criação de disputas entre os geólogos, incluindo os tectonistas. Temos a oportunidade de explicar o mecanismo de formação de uma das formas de hiperbasitos alpinotípicos, que, como resultado da formação estrutural, se ergueu nas partes superiores da crosta terrestre de tipo continental, que no futuro, como resultado de processos de desnudação, abriu com erosão. Tais processos foram observados no exemplo do Cáucaso Menor, o que não causa dúvidas.

Quanto à formação das bacias oceânicas, a ideia inicial dos geólogos-tectonistas de que alguns oceanos se formaram em resultado de descobertas de riftes não suscita dúvidas e está em boa sintonia com os princípios do KDESC. No entanto, deve notar-se que a origem e a formação dos oceanos não podem ser explicadas apenas por processos riftegénicos, uma vez que existiam bacias oceânicas antes da formação dos continentes, o que não pode ser negado. Isto sugere que a origem dos oceanos pode ser formada em diferentes condições geotectónicas.

Assim, resumindo o que foi dito acima, é possível afirmar que os continentes se formaram como resultado de condições geotectónicas complexas, como resultado de diferenciações, tipos de rochas oceânicas primárias e os seus materiais retrabalhados formados nas fases iniciais do desenvolvimento geológico da crosta terrestre.

27. A PERIFERIA ACTIVA E PASSIVA NA PERSPECTIVA DO CDESK

Anotação. As características das zonas activas e passivas da crosta terrestre são analisadas do ponto de vista da geodinâmica da evolução da crosta terrestre. Verifica-se que estas zonas estão geneticamente ligadas a zonas convergentes divergentes e localizam-se paralelamente a estas zonas. A análise dos traços característicos das zonas divergentes e convergentes, bem como a ligação das zonas activas e passivas com estes processos permite-nos afirmar que se trata de processos inter-relacionados. Observa-se que, a partir da posição do KDEZK, as zonas activas estão localizadas nas margens ocidentais das zonas estáveis, e as zonas passivas nas suas margens orientais, que são concebidas para a natureza da tensão destas zonas e a sua atividade tem um valor condicional, uma vez que a sua atividade pode não corresponder aos seus nomes, mas são medidas com o desenvolvimento da atividade dos processos geotectónicos, o que é mais consistente com os princípios do KDEZK.

As posições geotectónicas das zonas activas e passivas, sendo um dos principais elementos estruturais da crosta terrestre, exigiram a atenção dos investigadores. O estudo destas zonas sempre foi relevante, ao mesmo tempo que constitui um dos problemas actuais da geotectónica. Numerosos trabalhos têm sido dedicados a esta problemática, onde são delineadas várias questões, incluindo as relacionadas com estas zonas, tais como as estruturas dos mares marginais, as calhas do retro-arco, os taludes continentais, as calhas, os sistemas de arcos cortantes, etc. O estudo destas zonas sempre foi atual.

Não temos uma pergunta específica como tarefa para analisar de forma abrangente todas as questões relacionadas com as zonas crustais em consideração.

Nestas questões é possível encontrar muita informação nas páginas da literatura geológica. O nosso objetivo é o mesmo, descobrir as posições geotectónicas das zonas activas e passivas na evolução da crosta terrestre; incluindo as suas causas de formação, condições de formação, padrões de distribuição, relação com elementos estruturais e tectónicos vizinhos e outras questões, a partir da posição do KDESC.

Na posição deste conceito, em contraste com outros conceitos geotectónicos, a origem das zonas activas e passivas da crosta terrestre está associada à natureza do desenvolvimento das forças geodinâmicas da Terra. Observa-se que, quando a Terra gira em torno do seu eixo de oeste para leste ao longo das direcções latitudinais, são criadas diferentes zonas de tensão com diferentes intensidades, associadas à natureza das velocidades das massas litosféricas em movimento, o que está associado à formação de diferentes zonas de tensão, causando a origem e a formação de margens activas e passivas.

A partir da posição da teoria da geodinâmica da evolução da crosta terrestre, em regra, as margens activas formam-se em frente das zonas de tensão mais intensa do tipo subducção, e as margens passivas formam-se em frente das zonas de espalhamento e rifting, o que está de acordo com a posição do KDESC. As localizações das zonas activas e passivas, que são agora aceites pelos principais especialistas no domínio da geotectónica teórica, como zonas frontais ou posteriores de continentes estáveis. Isto deve-se ao facto de ser nestas zonas que os processos geotectónicos ocorrem mais intensamente do que noutras zonas destas zonas. Todos estes processos são observados. No entanto, não são explicadas as razões para esta distribuição destas zonas, onde as actividades dos processos geotectónicos diferem acentuadamente umas das outras.

Do ponto de vista do KDESC, as características distintivas das zonas activas e passivas são principalmente o facto de os principais processos geotectónicos nas margens activas serem mais activos do que nas margens passivas. Estes processos geotectónicos incluem processos vulcânico-plutónicos, sismos, formação de estruturas dobradas, processos de desnudação, etc.

Todos os processos acima mencionados se manifestam de forma diferente nas zonas mencionadas, o que é considerado um fenómeno normal a partir da posição desta teoria. O processo de atividade e passividade é um conceito comparativo, quanto à sua forma de manifestação e regularidade de distribuição na face da Terra, depende certamente da natureza da evolução da dinâmica do desenvolvimento da sua crosta, em geral.

Sem dúvida, a formação de zonas activas e passivas ocorre sob a influência de forças geodinâmicas criadas como resultado da rotação da Terra. Neste momento, há uma distribuição de zonas de tensão na crosta terrestre, que redistribui ainda mais os padrões de distribuição de zonas de tensão, em geral na face da Terra, incluindo zonas activas e passivas, muitas vezes chamadas na literatura geológica de margens activas e passivas, cujas características são amplamente discutidas na literatura geológica, que não deve parar.

De acordo com o KDEZK, os principais processos geotectónicos, incluindo as zonas de tensão como as margens activas e passivas, ocorrem sob a influência de forças geodinâmicas e as regularidades da sua distribuição são controladas pelas regularidades do desenvolvimento destas forças. De acordo com este conceito, sob a influência de forças geodinâmicas, em geral as massas litosféricas são sujeitas a deslocação, em resultado da qual, dependendo da natureza e direção destas forças geodinâmicas, é criada uma variedade de zonas de tensão, diferindo umas das outras, tanto em intensidade como em regularidades de propagação, predeterminando a natureza e regularidades do desenvolvimento destas forças, no espaço.

As margens activas caracterizam-se pela intensidade dos processos geotectónicos, incluindo a manifestação de processos vulcânico-plutónicos, bem como de zonas de atividade sísmica, o que está associado à formação de uma variedade de tipos de minerais associados à atividade dos processos geotectónicos.

As principais zonas de desenvolvimento destas zonas estão localizadas na direção submeridional, o que está de acordo com o desenvolvimento das forças geodinâmicas em geral, bem como com o princípio da teoria geodinâmica da evolução da crosta terrestre. As zonas caracterizadas pertencem às faixas médias da Terra, ou seja, às suas faixas quase equatoriais, onde as forças geodinâmicas da Terra desempenham um papel predeterminante. E nos pólos estas regularidades perdem o seu significado, devido à diminuição do comprimento dos raios da Terra, localizados perpendicularmente ao seu eixo de rotação.

Note-se que a atividade ou a passividade destas ou de outras regiões destes elementos estruturais, a partir da posição do KDESC, estão associadas ao carácter do desenvolvimento de certas zonas estáveis, que se observam atualmente. E a partir da posição do KDEZK, isto é esclarecido no aspeto genético, que é importante nos estudos geológicos. A partir da posição deste conceito, os traços característicos das margens activas e passivas são elucidados no aspeto genético, o que é de fundamental importância nos estudos geológicos.

A partir deste conceito, cada zona ativa e passiva é analisada separadamente no aspeto genético. Verifica-se que as zonas mais activas das margens activas se situam nos quadros orientais dos continentes euro-asiáticos. Este facto não pode ser acidental, exigindo uma explicação própria. No entanto, não existe uma explicação na literatura geológica.

A análise dos dados existentes, a partir da posição da KDEZK, mostra que ela está relacionada com a natureza da distribuição das forças geodinâmicas globais. Uma vez que a propagação das forças geodinâmicas depende muito da natureza da propagação de geoblocos poderosos e estáveis, que estão relativamente mais assentes na superfície do manto, o que se deve ao seu movimento lento, que predetermina a sua mobilidade. As características das margens activas e passivas são caracterizadas pela atividade geodinâmica destas zonas, onde se localizam as margens activas e passivas. As margens mais activas estão localizadas nas estruturas orientais do continente euro-asiático, que são menos móveis do que as suas estruturas orientais. Este facto é coerente com o carácter grosseiro deste conteúdo.

Isto sugere que o deslocamento do supercontinente euro-asiático em comparação com outros continentes ocorre muito lentamente e, portanto, os seus envelopes orientais, ou seja, dentro das zonas ocidentais em movimento (margens ocidentais do Oceano Pacífico) são as zonas mais activas da Terra, o que é devido à atividade tectónica destas regiões (Fig.).

Assim, a origem e o desenvolvimento posterior das margens activas e passivas, enquanto processo global, estão intimamente relacionados com o desenvolvimento das forças geodinâmicas e o estudo da determinação da sua distribuição é de importância teórica e prática

28. CONCEITO DE GEODINÂMICA DA EVOLUÇÃO DA CROSTA TERRESTRE

Anotação. Este conceito baseia-se na rotação da Terra. A sua essência é que, com a rotação da Terra em torno do seu eixo, são criadas forças geodinâmicas, que são essencialmente as fontes dos principais processos geotectónicos. Estas forças geodinâmicas são dirigidas de oeste para leste e dos pólos da Terra para o seu equador, e a relação das suas forças cria outras forças tangenciais. Todos os tipos de movimentos das massas litosféricas ocorrem sob a influência destas forças. A partir da posição deste conceito, as geosferas diferentemente densas da Terra reagem de forma diferente à rotação da Terra e, portanto, entre as geosferas diferentemente densas há um deslocamento de massas, causando a formação de transformações de fase físico-químicas, com o que estão associadas à formação de uma variedade de fenómenos anómalos, incluindo astenosfera, plumas, diapires, sutura, pontos quentes, etc. O principal é que o princípio do deslocamento das massas litosféricas é o mesmo que o princípio do princípio do deslocamento das massas litosféricas. O principal é que, de acordo com o princípio deste conceito, a formação e as regularidades de propagação dos processos geotectónicos globais, incluindo a origem dos vulcões, a origem dos terramotos, a origem das falhas profundas globais, bem como a formação e as regularidades de propagação dos sistemas de dobragem das montanhas, etc., estão bem relacionadas.

O autor tem vindo a trabalhar no desenvolvimento deste conceito há muitos anos. Foram analisadas numerosas hipóteses, conceitos, modelos e outros pressupostos teóricos sobre a geotectónica, tendo em conta as leis da física, da mecânica, da química e de outras ciências naturais, bem como dados factuais não rejeitados, estabelecidos com base nas mais recentes conquistas da ciência e da tecnologia. Como resultado destes estudos, foi criado um conceito científico coerente para explicar a natureza de numerosos processos naturais, incluindo os processos geotectónicos. A essência deste conceito é que, na rotação da Terra em torno do seu eixo, são formadas forças geodinâmicas, que são as forças motrizes, os principais processos geotectónicos ocorrem sob a influência destas forças geodinâmicas

O conceito apresentado é construído com base nos seguintes princípios

1. A Terra é aceite como um corpo cósmico móvel que se encontra na esfera de influência de outros corpos cósmicos, incluindo o Solnetsus e os seus planetas, bem como a Lua, que é o seu satélite;

2. A Terra é aceite como sendo constituída por diferentes geosferas densas;

3. A Terra está na esfera de influência de Solnz e cresce tanto na sua órbita como em torno do seu eixo;

4. A Terra, apesar de se encontrar na esfera de influência dos Solnetses, os mais influentes na mudança da sua vida interior, está associada à Lua,

5. À medida que a Terra gira sobre o seu eixo, são geradas forças geodinâmicas que afectam todos os lugares, em todas as suas camadas. Estas forças geodinâmicas são as principais fontes de energia ou forças motrizes de todos os processos geológicos que ocorrem na sua esfera de influência;

6. As forças geodinâmicas têm uma certa regularidade de distribuição nas suas geosferas, incluindo as camadas internas e atmosféricas, que são factores predeterminantes no desenvolvimento dos processos naturais, incluindo os geotectónicos;

7. Há opiniões de que, todas as geosferas da Terra, dependendo das suas densidades e outras características, reagem de forma diferente à sua rotação, o que é de fundamental importância na construção deste conceito;

8. As forças de Coriolis que provocam deslocações entre a água (hidrosfera) e a litosfera estão relacionadas com o desenvolvimento de forças geodinâmicas que ocorrem não só entre a hidrosfera e a litosfera, mas também entre todas as geosferas da Terra, bem como entre as suas camadas atmosféricas;

9. Na construção do KDEZK, são tidas em conta as leis básicas físico-químicas e físico-mecânicas, incluindo a lei da inércia e da isostasia.

A análise do carácter de desenvolvimento dos processos geotectónicos básicos, com a posição dos princípios enumerados, mostra que, com base no conceito dado, é possível descobrir, não só a natureza dos processos geológicos da Mongólia, mas também a sua origem e regularidades de desenvolvimento na face da Terra de uma nova forma, que são as principais vantagens do conceito dado.

As principais disposições do KDESC podem ser resumidas da seguinte forma:

O conceito de geodinâmica da evolução da crosta terrestre é construído com base na rotação da Terra, tendo em conta as leis e regras geralmente reconhecidas da física, da mecânica e das ciências naturais, bem como os dados factuais e o raciocínio lógico firmemente estabelecidos. Do ponto de vista do conceito de geodinâmica da evolução da crosta terrestre, as forças motrizes de todos os processos geotectónicos estão relacionadas com as forças geodinâmicas criadas pela rotação da Terra. Durante a rotação da Terra em torno do seu eixo, são geradas forças geodinâmicas (Fig. 1), que provocam deslocações das massas litosféricas.

A origem e o desenvolvimento de vários processos geotectónicos ocorrem sob a influência destas forças. Estas forças geodinâmicas espalham-se simultaneamente de oeste para leste, dos pólos da Terra para o seu equador e as suas inter-relações, são também criadas forças tangenciais, que no hemisfério norte têm direção sudeste e no hemisfério sul, direção nordeste.

De acordo com os princípios desta teoria, todos os processos geotectónicos estão interligados. A origem de alguns processos está ligada ao nascimento de outros, etc. De acordo com este conceito, os processos mais globais provocam a formação de processos relativamente pequenos, o que é considerado um fenómeno natural no desenvolvimento da crosta terrestre.

Devido ao facto de a Terra ser constituída por diferentes geosferas, que reagem de forma diferente à rotação da Terra. Entre estas geosferas, sob a influência destas forças geodinâmicas e da lei da inércia de Newton, há um deslocamento de massas, provocando a formação de transformações de fase físicas e químicas, o que está associado à origem de fenómenos anómalos, incluindo a astenosfera, plumas, diapiros, suturas, pontos quentes, etc., que são de grande importância na evolução da crosta terrestre.

Simultaneamente com as rotações da Terra sob a influência de forças dinâmicas, ocorrem processos de deslocação que determinam a origem e a formação de processos geotectónicos, que são acompanhados pela deformação da crosta terrestre, que está associada à origem de redes globais de falhas profundas e à sua distribuição regular na face da Terra.

O mecanismo de deslocamento das massas litosféricas é esclarecido. Com base neste conceito, considerando que, as espessuras das massas litosféricas sólidas, têm carácter diferencial de desenvolvimento, e neste contexto a velocidade do seu deslocamento ocorre de forma diferencial. Está relacionado com o facto de que as áreas poderosas da litosfera, pela lei da isostasia, em comparação com outras áreas mais profundas assentam no manto superior e em conexão com o seu deslocamento diminui e com isso as velocidades de carácter diferencial de deslocamento das massas litosféricas estão ligadas.

Em geral, o processo de deslocação é um processo muito complexo e interessante. Muitos processos geotectónicos estão associados a deslocações de massas litosféricas, incluindo a origem de diferentes zonas de tensão características. Alguns grupos destas tensões têm carácter divergente e convergente, desenvolvendo-se em direcções submeridionais, que estão associadas às deslocações orientais. E outros têm direcções sublatitudinais, que estão associadas às deslocações que se dirigem dos pólos da Terra para o seu equador.

C deslocações de massas litosféricas dirigidas para leste, que ocorrem sob a forma de escalões, entre os quais se formam cisalhamentos, o que está associado à origem de falhas de transformação. Simultaneamente com estas, ao longo das zonas de tensão que se desenvolvem em direcções submedionais, estão associadas falhas profundas globais de carácter divergente e convergente, com as quais se ligam falhas do tipo espalhamento, subducção e rifting.

A partir da posição do conceito, em todas as geosferas da Terra, incluindo entre as suas camadas atmosféricas, ocorrem fenómenos anómalos, causando diferentes processos característicos, incluindo correntes turbulentas, etc., e as características destes processos são diferentes. E os traços característicos destes processos são diferentes. Estes processos entre substâncias sólidas são acompanhados por manifestações de transformações de fases físicas e químicas. E entre outras geosferas, como as hidrosferas, as atmosferas e as suas camadas constituintes ocorrem diferentes fluxos característicos, deslocamentos, etc. fenómenos, que também são acompanhados pela manifestação de vários processos de carácter anómalo de desenvolvimento.

Um dos princípios importantes do conceito é que a origem e a formação dos sistemas de dobragem de montanhas são influenciadas por processos de deslocação, que se dividem em tipos vulcanogénicos e genéticos de deslocação. Por sua vez, as estruturas dobradas de origem vulcanogénica, dividem-se em tipos divergentes, convergentes e transformacionais. E os tipos genéticos de deslocação dividem-se em tipos gerais de deslocação e tipos colisionais de estruturas montanhosas.

A partir da posição do KDESC, as forças geodinâmicas da Terra na sua crosta estão distribuídas de forma regular. Estas forças geodinâmicas têm principalmente três direcções principais. Algumas delas têm direcções orientais, e outras são dirigidas dos pólos da Terra para o seu equador. A inter-relação destas forças dá origem a outras direcções de forças geodinâmicas, de carácter tangencial de desenvolvimento, que no hemisfério norte têm direção sudeste, e no hemisfério sul, direção nordeste.

A origem dos processos vulcânico-plutónicos e dos sismos está relacionada com a interação das falhas profundas com a astenosfera. Em diferentes fases do seu desenvolvimento, as falhas profundas que penetram no manto superior ou na astenosfera provocam a deplaciação da matéria aí existente. Neste contexto, o regime tectónico é perturbado no manto superior, incluindo a astenosfera, e a pressão e a temperatura na esfera de influência da astenosfera das falhas profundas alteram-se. A substância do manto avança ao longo das falhas profundas, expandindo o seu volume para as partes superiores da crosta terrestre. Isto cria uma condição favorável para a formação de processos vulcânico-plutónicos, que está associada a erupções vulcânicas, que são acompanhadas por sismos, bem como a processos de diferenciação e assimetria, contribuindo para a origem da oreogénese endógena.

O papel das forças de Coriolis no desenvolvimento da litosfera e da hidrosfera é tido em conta na construção do conceito. A ideia da possibilidade de deslocação de massa entre geosferas está ligada às forças de Coriolis. De acordo com a posição do KDESC, a deslocação de massa entre geosferas é caraterística não só da litosfera e da hidrosfera, mas também de todas as diferentes geosferas da Terra, incluindo as suas camadas atmosféricas.

As causas e o mecanismo das mudanças no centro de gravidade da Terra e a sua influência nas mudanças no eixo de rotação da Terra, com as quais o destino do desenvolvimento dos principais processos geotectónicos está ligado, ou seja, com as mudanças no eixo de rotação da Terra, a natureza e a direção das forças geodinâmicas mudam, com as quais o desenvolvimento de todos os processos geotectónicos globais está geneticamente ligado. Esta é uma das disposições importantes do conceito, relacionada com o facto de que, a partir da posição do conceito, com as mudanças no centro de gravidade da Terra, muda o seu eixo de rotação, resultando numa mudança na direção das forças geodinâmicas globais. Isto é provado com base em estudos de isótopos. Por conseguinte, com a mudança do eixo de rotação da Terra, mudam o carácter e as direcções dos principais processos geotectónicos, fases distintas do desenvolvimento da crosta terrestre, o que é comprovado com base em reconstruções paleotectónicas.

A origem das falhas profundas é apresentada, o seu mecanismo de desenvolvimento é clarificado, bem como a regularidade da sua distribuição na crosta terrestre e a sua classificação genética e hierárquica. Distinguem-se quatro tipos genéticos de falhas profundas: divergentes, convergentes, colisionais e transformantes. As falhas profundas são subdivididas por categorias - global, regional e local. E de acordo com as características genéticas, dividem-se em falhas divergentes e convergentes, transformantes e colisionais.

É apresentada uma classificação genética das estruturas rochosas. Estão divididas em três grupos genéticos de tipos vulcanogénicos, de deslocação e de colisão.

A sua origem e regularidades de distribuição e o mecanismo de formação são clarificados. Assim como o seu significado na evolução da crosta terrestre.

O papel das marés na evolução da Terra e da sua crosta é clarificado a partir da posição do conceito. Note-se que as marés e as marés estão relacionadas com a relação entre a Terra e a Lua, a lei da gravitação universal de Newton, como uma força externa, influenciam ativamente o desenvolvimento de processos internos da Terra, incluindo transformações de fase físicas e químicas, causando a origem e o desenvolvimento de vários fenómenos anómalos, tais como plumas, suturas, diapiros, bem como terramotos de foco profundo. O papel dos processos de desnudação, bem como das marés vivas e vazantes, que causam alterações nos parâmetros geométricos da Terra, que estão associados a alterações no centro de gravidade da Terra, que estão associados a alterações no seu eixo de rotação, deve ser especialmente notado.

As razões da dissecação da crosta terrestre, zonas estáveis e móveis são reveladas. É de notar que a estabilidade ou a mobilidade da crosta terrestre está intimamente relacionada com a lei da isostasia da física, uma vez que a lei da isostasia potencia as zonas da crosta terrestre, mais profundamente assentes no manto superior, o que enfraquece o seu movimento e vice-versa. Neste contexto, durante o movimento das massas litosféricas, as suas partes constituintes são sujeitas a deformações, o que está relacionado com o desmembramento da crosta terrestre em diferentes geoblocos característicos, provocando o desmembramento da crosta terrestre em diferentes zonas características, de carácter estável e móvel de desenvolvimento.

Uma das disposições importantes do conceito está relacionada com a elucidação das regularidades da formação dos tipos continentais da crosta terrestre. O papel da desnudação e dos processos internos na formação dos continentes é registado. É notado que os continentes foram formados com base no tipo oceânico da crosta terrestre, e são materiais primordiais diferenciados da crosta terrestre, ou seja, o tipo oceânico da crosta terrestre.

As razões para a origem das manifestações anómalas e relacionadas dos processos vulcanoplutónicos e o seu papel na formação de minério endógeno e desgaseificação foram elucidadas.

São apresentadas as razões da origem dos fenómenos anómalos, tais como manifestações de vulcões, terramotos e tsunamis, o carácter de desenvolvimento destes processos é descoberto e as regularidades da sua distribuição na crosta terrestre são estabelecidas, sendo também especificadas as formas de proteção contra eles.

A partir da posição do conceito de geodinâmica da evolução da crosta terrestre, os traços característicos do desenvolvimento dos principais tipos genéticos de geotectónica 164

processos, incluindo a astenosfera, plumas, diapiros, suturas, pontos quentes, erupções vulcânicas, sismos, movimentos de formação de montanhas, sistemas ilha-arco, riftogénese, subducção, espalhamento, terranos de calha, tsunamis, margens activas e passivas e muitos outros.

A partir da posição do KDESC, a origem dos corpos kimberlíticos, incluindo os diamantíferos, está associada a condições geotectónicas especiais, que estão relacionadas com a presença de tipos continentais espessos da crosta terrestre, em cuja estrutura estão envolvidos produtos carboníferos. Quando nas bases destes tipos de crosta terrestre, em condições de ausência de falhas profundas, ocorrem transformações de fase físico-químicas, os seus produtos não podem subir à superfície da Terra. Esta é a razão, na base do poderoso tipo continental da crosta terrestre, onde há uma acumulação de pressão e temperatura, atingindo um momento crítico, que está à procura de saídas para a superfície da Terra. São criados movimentos forçados de produtos de transformações de fase para o topo, que ocorrem sob a forma de fluxos de massa circulares, causando a formação de tubos de explosão, onde ao longo do caminho são criados pela natureza, tipos especiais de processos vulcânicos-plutónicos, causando a formação de tipos genéticos complexos de formação de minério, incluindo tubos de explosão diamantíferos.

Esclarece-se o papel e o significado das falhas profundas globais na formação e origem dos depósitos de petróleo e gás na crosta terrestre. E também a partir da posição de KDEZK, explicou que, para a sua acumulação de produtos petrolíferos requer que tipo de condições geotectónicas favoráveis, principalmente ricas em materiais biogénicos, que são necessários para a formação de campos de petróleo. Foi observado que os campos de petróleo e gás mais ricos podem ser formados nas zonas de falhas profundas globais de tipo divergente, ao longo do caminho de exploração das quais estão localizados poderosos tipos continentais da crosta terrestre. Isto indica que os processos do manto estão ativamente envolvidos na origem e formação de campos de petróleo e gás.

A partir da posição do KDESC, é dada especial atenção à deslocação da velocidade das massas litosféricas em relação aos meridianos da Terra, que têm valores diferentes relacionados com a rotação da Terra. Por esta razão, os maiores efeitos do deslocamento da velocidade das massas litosféricas ocorrem nas zonas equatoriais (ou de latitude próxima) da Terra, sendo que à medida que se afasta do equador a velocidade das massas litosféricas diminui e nos pólos da Terra tem valor nulo. Esta regularidade deve-se ao facto de as massas litosféricas em movimento estarem localizadas perpendicularmente ao eixo de rotação da Terra. E, naturalmente, com a redução do comprimento dos raios da Terra, o comprimento dos seus círculos diminui, de acordo com este coeficiente de velocidade das massas litosféricas em movimento.

A partir da posição do conceito, as margens dos mares ou margens continentais são consideradas como as zonas de junção dos continentes e oceanos, onde ocorrem diferentes processos geotectónicos, cujas causas não são esclarecidas com os conceitos geodinâmicos anteriores. O carácter de desenvolvimento destas zonas é muito diferente entre si e, deste ponto de vista, são designadas por margens activas e passivas. É de notar que na literatura geológica são frequentemente utilizados termos como calha avançada, margens de mares, sistemas ilha-arco, calha retro-arco, calha, etc. e a sua formação é explicada de diferentes formas. Sem nos determos neles, notemos que, na posição do KDESC, estes processos são analisados sob o aspeto genético e todo o seu mecanismo de formação está intimamente relacionado com a atividade de movimento das massas litosféricas, ou seja, com as suas velocidades de movimento.

A partir da posição KDEZK, todas as massas litosféricas se movem sob a influência de forças geodinâmicas, principalmente na direção leste, cuja velocidade de movimento tem um carácter diferencial de desenvolvimento. Neste contexto, ao longo da linha latitudinal, em toda a circunferência da Terra, a velocidade de movimento das massas tem valores diferentes, o que provoca a formação de diferentes zonas geotectónicas características, tais como zonas estáveis (plataformas, zonas de pólos), zonas móveis que delimitam zonas de compressão (zonas de subducção) e de alongamento (zonas de espalhamento-riftogénicas), entre as quais se situam margens activas e passivas, sistemas de ilhas-arcos, mares marginais, depressões do arco posterior, etc.

Resumindo o acima exposto pode chegar à conclusão de que o KDEZK proposto, criado com base em dados factuais não rejeitadas e raciocínio lógico, tendo em conta as leis fundamentais da física e da mecânica, que antes de nós abrir novos horizontes para o raciocínio de muitas questões problemáticas da geologia, incluindo geotectônica. A principal peculiaridade desta teoria é que as suas posições declaradas estão bem relacionadas com o carácter do desenvolvimento dos principais processos geotectónicos.

29. ORIGEM DAS FALHAS DE TRANSFORMAÇÃO E SEUS PADRÕES DE DISTRIBUIÇÃO

Anotação. Este artigo esclarece as causas da origem e regularidade da formação de falhas transformantes globais na perspetiva do conceito de dinâmica e evolução crustal. Verifica-se que as falhas profundas transformantes, em regra, estão localizadas subperpendicularmente às falhas divergentes e convergentes. Estes tipos de falhas profundas desenvolvem-se principalmente nas zonas de tipo oceânico e parcialmente nas zonas de tipo continental da crosta terrestre. São um dos principais elementos estruturais da crosta terrestre. A sua origem está principalmente associada à deslocação de massas litosféricas. Devido ao facto de as espessuras da crosta terrestre serem diferentes, têm diferentes taxas de deslocamento durante a deslocação, o que está associado a uma variedade de deslocamentos que causam a formação de diferentes deslocamentos classificados, que são essencialmente falhas de transformação.

Numerosos trabalhos, tanto de carácter científico como prático, têm sido dedicados ao estudo das falhas de transformação. Foram discutidos muitos problemas fundamentais das falhas transformantes, no exemplo de diferentes regiões características do mundo. Não é nossa tarefa analisar os resultados de trabalhos científicos dedicados a várias questões de falhas transformadas, que são amplamente discutidas na literatura geológica.

O nosso objetivo é analisar as principais características do desenvolvimento de falhas transformantes a partir de uma perspetiva genética na perspetiva do KDESC, geodinâmica da evolução crustal (KDESC). Isto inclui, principalmente, a sua origem, padrões de distribuição e o papel das falhas transformantes na evolução da crosta terrestre, bem como o seu significado na separação e acumulação de componentes de minério. Em primeiro lugar, notamos que as falhas transformantes são uma das principais partes constituintes das redes globais de falhas da crosta terrestre. Este facto sugere que as falhas transformantes são um dos principais elementos envolvidos na evolução da crosta terrestre. A origem das falhas transformantes está relacionada com os processos de deslocação global das massas litosféricas.

A partir da posição do conceito proposto, toda a casca sólida da Terra sofre deslocação. A deslocação ocorre em todo o lado, em toda a superfície da Terra, o que se deve ao facto de as massas litosféricas terem capacidades diferentes e, por isso, toda a superfície da Terra é sujeita a tensões complexas. Por esta razão, as suas velocidades de deslocação são diferentes. Neste sentido, sob a influência de forças geodinâmicas, a crosta terrestre é sujeita a deformações, que são acompanhadas pela formação de falhas profundas e outros processos geotectónicos. A formação de diferentes geoblocos, que são a fonte de produtos de processos vulcânicos-plutónicos, está relacionada com isto.

A formação destes geoblocos envolve ativamente diferentes características, bem como diferentes tipos genéticos de falhas profundas, que desempenham diferentes funções na evolução da crosta terrestre. Estas falhas profundas propagam-se principalmente em direcções submeridionais ou sublatitudinais. Em regra, estão sempre localizadas paralela ou subperpendicularmente umas às outras. O principal é o facto de delimitarem geoblocos. As partes principais destas falhas profundas são as falhas de passagem do manto.

A partir da posição do KDESC, estas falhas profundas são classificadas principalmente em três tipos genéticos: falhas divergentes, convergentes e transformadas. Os dois primeiros têm uma direção submedional durante a formação e o último tem uma direção sublatitudinal, o que é bastante natural e está de acordo com os princípios do conceito desenvolvido, bem como com as leis do desenvolvimento das forças geodinâmicas.

Os tipos de falhas profundas divergentes e convergentes caracterizam-se pelo facto de se terem formado em zonas de compressão ou tensão

Quanto à formação das falhas transformantes, estas formaram-se em zonas de cisalhamento. A sua origem está inequivocamente associada a vários cisalhamentos, sendo os principais os planetários, que se formam entre geosferas deslocadas, bem como de uma parte entre camadas diferentemente densas da litosfera.

As falhas de transformação, em regra, são traçadas entre grandes escalões da crosta terrestre, que, sob a influência de forças geodinâmicas globais, se deslocam de oeste para leste ou dos pólos para o equador. Além disso, existem outras direcções de movimento das massas litosféricas de carácter local.

Além disso, as falhas de transformação podem formar-se entre grandes geoblocos estáveis de tipo continental, que também se formam em zonas de cisalhamento. Estas falhas de transformação têm frequentemente um curso de desenvolvimento autónomo caraterístico de plataformas estáveis. A formação e o desenvolvimento de falhas transformantes são mais intensos nas zonas móveis, mas a sua formação nas zonas estáveis não é negada e caracteriza-se por uma manifestação fraca, o que está de acordo com os princípios KDESC.

A formação de falhas de transformação ocorre durante o movimento das massas litosféricas. Nesta altura, é criado um complexo quadro de tensões em toda a superfície da Terra, que são aliviadas pela formação de falhas profundas, incluindo as falhas transformantes, tipos de cisalhamento que separam diferentes geoblocos da crosta terrestre.

Uma caraterística das falhas transformantes globais é o facto de se localizarem em toda a parte e em todos os lugares, independentemente da sua classificação e localização, paralelas entre si e subperpendiculares às zonas convergentes e divergentes. Isto mostra que a origem das partes principais das falhas transformantes está relacionada com os cisalhamentos sublatitudinais formados entre diferentes escalões de velocidade das massas litosféricas. Isto indica que a velocidade das massas em movimento depende não só da sua espessura, mas também da sua localização em relação aos pólos e ao equador.

As falhas de transformação no aspeto genético, de acordo com o conceito proposto, são divididas em dois tipos genéticos: global-regional e local.

As falhas de transformação do tipo global-regional, como já foi referido, estão sempre localizadas paralelamente umas às outras e esta regularidade do seu desenvolvimento, em regra, não é violada. Quanto ao desenvolvimento de tipos genéticos locais de falhas de transformação, estas desenvolvem-se autonomamente, entre geoblocos separados e muitas vezes independentemente das falhas de transformação globais, desenvolvem-se independentemente, mas o seu desenvolvimento independente é predeterminado pela natureza do desenvolvimento do ambiente geotectónico circundante, ou melhor, pelas características dinâmicas dos geoblocos estáveis. Podem formar-se numa grande variedade de condições geotectónicas, principalmente em zonas localizadas.

É de notar que as falhas de transformação são condicionalmente divididas em falhas globais e regionais, e não é possível distingui-las umas das outras pela sua génese. Isto deve-se ao facto de a natureza da sua formação ser controlada pelos processos globais gerais, exceto no caso das falhas transformantes que estão geneticamente relacionadas com processos de colisão.

A formação de falhas de transformação locais tem um carácter local de desenvolvimento, que se formam em espaços interplacas.

Quanto à divisão das falhas de transformação por ordem, trata-se apenas de uma divisão condicional das falhas de transformação. Em termos de dimensão, a primeira categoria inclui as falhas de transformação globais. O seu tamanho é medido em milhares de quilómetros, as falhas profundas transformantes nos oceanos Pacífico, Atlântico e Índico, como já foi dito, por vezes o seu tamanho atinge de um bordo do continente ao outro bordo (Fig.).

Entre as falhas profundas globais acima referidas encontram-se falhas de transformação relativamente pouco profundas, classificadas regionalmente, que partilham condições de formação comuns com as falhas globais, muitas vezes com um percurso de mil e quinhentos quilómetros ou mais.

Quanto à formação de tipos locais de falhas profundas transformantes, são os tipos genéticos mais difundidos que se observam em todos os tipos genéticos de blocos geológicos. A sua formação está intimamente relacionada com a especificidade do mecanismo de deslocação de certos tipos de blocos geológicos.

A propagação de falhas transformantes ocorre naturalmente, com as regras gerais de desenvolvimento da evolução da crosta terrestre. Este facto está relacionado com as regularidades de propagação das forças geodinâmicas. Neste sentido, observa-se também uma certa regularidade na propagação das falhas de transformação.

As principais regularidades são o facto de se localizarem numa determinada ordem em relação aos pólos e aos equadores. As maiores falhas de transformação estão localizadas em faixas quase latitudinais, que estão localizadas perto do equador, e à medida que se afastam do equador, o seu tamanho diminui gradualmente, o que está em boa concordância com as forças geodinâmicas associadas à rotação da Terra.

Os principais tipos genéticos de falhas profundas, incluindo as falhas profundas transformantes, estão ausentes nos pólos. As falhas profundas atualmente observadas localizadas nos pólos da Terra foram formadas noutras fases do desenvolvimento da crosta terrestre. Estes factos indicam que a formação de falhas profundas está intimamente relacionada com forças geodinâmicas.

De acordo com a teoria da geodinâmica da evolução da crosta, todas as falhas profundas globais, incluindo as falhas de transformação, são canais de alimentação de magma que estão ativamente envolvidos na formação de minerais de minério.

As erupções vulcânicas ocorrem frequentemente ao longo de falhas de transformação, o que indica que estão associadas à astenosfera.

Tudo isto confirma claramente que a origem das falhas de transformação está geneticamente relacionada com as forças geodinâmicas da Terra. E as suas regularidades de desenvolvimento e propagação ocorrem em conjunto com outros processos globais, tais como processos de deslocação, formação de redes globais de falhas profundas, etc. Todos estes processos globais estão interligados e perfeitamente correlacionados com os princípios das forças geodinâmicas da Terra. Todos estes processos globais estão interligados e perfeitamente correlacionados com os princípios da teoria da geodinâmica da evolução da crosta terrestre.

CONCLUSÃO E NOVIDADE

A monografia apresentada é dedicada aos problemas actuais da geotectónica, onde se discute uma vasta gama de questões problemáticas relacionadas com a dinâmica da evolução da crosta terrestre. Incluindo a origem, formação e posterior desenvolvimento das forças geodinâmicas, bem como os seus padrões de distribuição e processos geológicos relacionados.

A origem e os padrões de distribuição das falhas profundas são clarificados e a sua classificação é dada. São esclarecidas as causas da deslocação das massas litosféricas e o mecanismo da sua partição. A origem dos principais tipos de processos geotectónicos e a sua evolução no processo de transformação da crosta terrestre, bem como o seu papel na formação e o mecanismo de formação de vários tipos genéticos de minerais foram esclarecidos.

Estes processos geotectónicos incluem: a origem das forças geodinâmicas; os processos de formação de montanhas; os processos de deslocação; os processos vulcano-plutónicos; a origem e os padrões de desenvolvimento das falhas profundas globais e a sua classificação; os processos sismotectónicos e os seus padrões de distribuição; os processos metamórficos e os seus padrões de distribuição; a origem e a formação de zonas divergentes e convergentes e os seus padrões de distribuição; a formação de margens activas e passivas; o mecanismo das fracturas; a formação de zonas activas e passivas; e a formação de margens activas e passivas.

Com base na análise crítica das questões problemáticas acima mencionadas, que nas fontes da literatura geológica têm grandes contradições, relacionadas na sua natureza, muitas vezes rejeitando-se mutuamente, um novo conceito-KDEZK, que preenche significativamente as lacunas nas teorias anteriores da geotectónica.

A caraterística deste conceito é o facto de diferir significativamente dos conceitos anteriores, tanto na formulação dos problemas como nos métodos da sua solução. As conclusões obtidas a partir da posição deste conceito estão bem ligadas à

A natureza do desenvolvimento de numerosos processos geotectónicos e outros fenómenos naturais.

A essência do conceito proposto é que a Terra é constituída por diferentes geosferas, que diferem umas das outras, tanto nas características físicas e químicas, físicas e mecânicas, como nos parâmetros geométricos, que respondem de forma diferente à rotação da Terra.

Durante a rotação da Terra, no aspeto histórico, ocorrem complexas transformações de fase físicas e químicas da matéria entre estas diferentes geosferas, o que provoca a formação de vários fenómenos anómalos em diferentes zonas da Terra, bem como na sua crosta, especialmente entre o manto superior e a litosfera, diferentemente densos, como a astenosfera, plumas, diapiros, suturas, etc. Estes são a principal fonte de alimentação dos processos vulcano-plutónicos e da formação de minérios. São a principal fonte de alimentação dos processos vulcanoplutónicos e da formação de minérios.

As transformações de fase físicas e químicas mais intensas ocorrem entre a crosta terrestre e o manto superior. Isto deve-se ao facto de estas geosferas da Terra serem as mais distantes do seu centro. Naturalmente, entre estas geosferas a velocidade de movimentação das massas litosféricas é maior do que entre as outras geosferas da Terra.

A partir da posição KDESC, todas as litosferas da Terra, incluindo a sua crosta, deslocam-se de oeste para leste. E a velocidade do seu deslocamento é desigual e no equador tem um valor máximo e, à medida que se afasta do equador, a velocidade diminui e nos pólos tem valor zero.

É notado e provado que a ambiguidade das velocidades das massas litosféricas depende de uma série de factores, incluindo a componente e a espessura das massas litosféricas constituintes e o carácter diferencial dos seus deslocamentos.

Os factores acima referidos predeterminam a dinâmica da distribuição e partição das massas litosféricas das zonas estáveis e móveis. Estas zonas são representadas por geoblocos de diferentes parâmetros de desenvolvimento estável e móvel. Estes factores, por sua vez, determinam a formação e a distribuição das falhas profundas, os processos vulcânico-plutónicos, os sismos e outros processos geotectónicos.

As velocidades de movimento das massas litosféricas são diferentes, não só em relação aos equadores e aos pólos, mas também, ambiguamente, do centro da Terra para a sua superfície, em função da variação do raio da Terra (ver Fig.8). Se o valor da velocidade de rotação da Terra no equador atingir (C=2p R: 24=1700 km/hora), onde C é a velocidade de deslocação das massas litosféricas; p é o coeficiente de 3,14; R é o comprimento do raio da Terra. Isto mostra que cada ponto localizado no equador se move a uma velocidade de 1700 km por hora, e no centro o seu valor diminui para zero e, de acordo com este efeito, a inércia das massas em movimento, respetivamente, diminui. Devido a esta circunstância, os processos anómalos mais intensos formam-se nas camadas superiores da Terra do que nas suas geosferas inferiores.

Na monografia é dada muita atenção à elucidação das causas da manifestação e do mecanismo de formação de vários tipos de processos geotectónicos que participam ativamente na evolução da crosta terrestre. Numerosos processos naturais são analisados a partir da posição KDEZK, incluindo a elucidação do mecanismo de desenvolvimento e regularidade de distribuição das principais forças geodinâmicas, cuja formação está inequivocamente associada à rotação da Terra, que desempenha um papel importante na formação e desenvolvimento dos principais processos geodinâmicos associados ao desenvolvimento da evolução da crosta terrestre.

Os traços característicos das fronteiras divergentes e convergentes e dos processos de subducção e espalhamento, rifting, colisão, etc. com elas relacionados são analisados sob o ponto de vista genético. O mecanismo de deslocação das massas litosféricas, causando a formação e formação de zonas de compressão e alongamento e, relacionado com elas, a formação e desenvolvimento de sistemas globais de falhas profundas, é elucidado. É explicado o mecanismo de desenvolvimento das zonas de subducção e a sua ligação com as forças geodinâmicas da Terra. É de notar que a formação da subducção e as colisões estão associadas a zonas de compressão, e a propagação e o rifting estão associados a zonas de alongamento.

A partir da posição do KDESC, os movimentos das massas litosféricas ocorrem em toda a parte, principalmente na direção leste e dos pólos da Terra para o seu equador. No entanto, sob a influência de vários factores, a direção dos movimentos das massas litosféricas e dos seus blocos individuais pode mudar, mesmo em locais (zonas locais), em direcções opostas, como resultado da aglomeração associada ao movimento autónomo de geoblocos em movimento.

Quando as massas litosféricas se deslocam, formam-se zonas de compressão e tensão à escala global, que, em regra, se situam subperpendicularmente ao eixo de rotação da Terra.

Isto mostra que a origem das forças geodinâmicas está intimamente relacionada com a rotação da Terra, pelo que, quando a localização dos pólos da Terra muda, o carácter e a direção destas forças geodinâmicas mudam por ordem evolutiva. Como resultado de relações tão complexas de forças geodinâmicas, toda a litosfera da Terra está dividida em geoblocos estáveis e móveis. O maior deles pode ter um curso autónomo de desenvolvimento na história do desenvolvimento geológico da crosta terrestre.

O desmembramento da litosfera é acompanhado pela formação de redes globais de falhas profundas, que são classificadas em três grupos genéticos associados a processos de compressão, extensão e colisão, respetivamente.

É de notar que todos os tipos genéticos de falhas profundas são potencialmente geradores de minério. Uma vez que se formam como resultado da deslocação de certos tipos de geoblocos. Muitas destas falhas têm um carácter de desenvolvimento através do manto. São de facto zonas enfraquecidas da crosta terrestre. Os produtos do manto através destas zonas de falha têm uma ligação com a superfície da Terra, onde se formam diferentes tipos de acumulações endógenas de minério, associadas a processos vulcânico-plutónicos que ocorreram em diferentes condições geotectónicas.

O documento presta grande atenção à natureza e ao desenvolvimento dos processos geotectónicos, analisando o seu papel na evolução da crosta terrestre e nas capacidades de formação de minério. É referido que o magmatismo, incluindo o vulcanismo e a formação de minério, são processos inter-relacionados.

Com base no seu desenvolvimento, formam-se condições geotectónicas favoráveis para a formação de minerais. Aqui notamos que para a criação de condições geotectónicas favoráveis, muitos factores são importantes, os mais importantes dos quais são: tipos da crosta terrestre e os seus parâmetros; o estado físico da crosta terrestre; a dinâmica do movimento de blocos individuais da crosta terrestre; regularidades da localização das forças geodinâmicas, bem como o seu afastamento dos pólos da Terra, nesta fase do seu desenvolvimento, etc.

Novidade da investigação. Com base no exposto, são feitas as seguintes conclusões, que caracterizam o significado do conceito na ciência geotectónica. Em geral, a monografia apresenta novos juízos e pressupostos que diferem significativamente dos conceitos geotectónicos previamente existentes e de outras construções geotectónicas.

1. O conceito baseia-se na rotação da Terra em torno do seu eixo, com a qual a origem e a formação das forças geodinâmicas estão relacionadas. Todos os processos geológicos ocorrem sob a influência destas forças.

2. Constata-se pela primeira vez que geosferas separadas da Terra, com características físicas e químicas diferentes, reagem de forma diferente à rotação da Terra. Por esta razão, entre estas geosferas, ou seja, nas suas zonas limítrofes, ocorrem transformações de fase físicas e químicas da matéria, provocando a sua deplaciação.

3. Sugere-se que a formação da astenosfera, plumas, diapiros e outros fenómenos anómalos está ligada a transformações de fase físico-químicas intergeosféricas, que ocorrem entre todas as diferentes geosferas da Terra, bem como entre camadas de densidade diferente de geosferas separadas.

4. A partir da posição do KDESC, afirma-se sem ambiguidade que a fonte de energia dos principais processos geológicos, incluindo os geotectónicos, são as forças geodinâmicas da Terra, que são formadas pela rotação da Terra e têm um carácter constante de desenvolvimento.

5. A natureza das forças geodinâmicas da Terra é analisada e o seu papel na formação e modelação dos processos geotectónicos globais é clarificado.

6. Descobriu-se que as principais falhas profundas estão geneticamente relacionadas com a deslocação de massas litosféricas, que ocorre em todo o lado, sob a influência de forças geodinâmicas e a regularidade da sua distribuição foi clarificada.

7. É indicado que a taxa de deslocação das massas litosféricas tem um carácter diferencial de desenvolvimento. Adquire a maior importância nas faixas equatoriais da Terra, que têm um carácter diferencial de desenvolvimento, associado ao desenvolvimento diferencial das forças geodinâmicas, tanto em direção aos pólos como ao longo da área da sua distribuição.

8. O papel das forças geodinâmicas globais na evolução da crosta terrestre, incluindo o seu papel no desenvolvimento de processos geotectónicos, foi elucidado.

9. Pela primeira vez, afirma-se que os processos de deslocação ocorrem em toda a crosta terrestre, em todo o lado sob a influência de forças geodinâmicas, incluindo todos os tipos continentais e oceânicos da crosta terrestre. Basicamente, distinguem-se dois tipos genéticos de processos de deslocação que se desenvolvem simultaneamente. Um deles está relacionado com a convergência ou movimento de grandes placas entre si, e o outro está relacionado com a deslocação de massas litosféricas, que têm um carácter geral de desenvolvimento e ocorrem em toda a área da Terra, exceto nos seus pólos. Este tipo genético inclui estruturas de dobras de montanha formadas como resultado da deslocação de massas litosféricas ao longo do meridiano, bem como dos pólos da Terra para o seu equador.

10. O papel das correntes de convecção na evolução da crosta terrestre é analisado. Constata-se que a convecção é caraterística da matéria fluida, mas não dos corpos sólidos, e é inegável o papel da convecção no interior do manto na evolução da crosta terrestre. No entanto, não se explicam as manifestações de processos geológicos globais, como os movimentos continentais, por se relacionarem apenas com as correntes de convecção, como fazem os mobilistas.

11. Está estabelecido que o desenvolvimento da deslocação das massas litosféricas, tem uma determinada direção e ocorre sob a influência de forças geodinâmicas, tem um carácter diferencial de desenvolvimento e está associado à diferença na espessura da crosta terrestre.

12. A formação e a formação de redes globais de falhas profundas, como as zonas divergentes e convergentes, bem como as falhas de transformação globais, estão associadas a processos gerais de deslocação global, e outras falhas profundas são causadas por movimentos autónomos de grandes geoblocos - placas, terranos e outros pequenos geoblocos da crosta terrestre.

13. O carácter do desenvolvimento e o mecanismo de deslocamento das massas litosféricas e as peculiaridades da sua deslocação no espaço, bem como a sua ligação com as forças dinâmicas da Terra, foram analisados e esclarecidos.

14. São reveladas as causas da formação e o mecanismo de formação das zonas de

tensão globais, dos tipos divergência, convergência e colisão, com as quais estão geneticamente relacionados os principais tipos de transformações metamórficas de tipo genético diferente.

15. Está estabelecido que, com a mudança da localização dos pólos da Terra, o eixo da sua rotação muda, o que está associado à mudança da natureza e da direção das forças geodinâmicas, bem como à dinâmica dos processos geotectónicos globais.

16. Em contraste com os conceitos, teorias e modelos anteriores da posição KDESC, a fonte de energia dos processos geológicos está principalmente associada a essas forças dinâmicas, cuja formação se deve à rotação da Terra, mas não se nega o papel da gravidade e dos decaimentos radioactivos, que são de importância secundária.

17. Verificou-se que os movimentos das massas litosféricas ocorrem na direção leste e que os deslocamentos das massas litosféricas por eles provocados lhes são perpendiculares. Devido a isto, em geral, na superfície da Terra são criadas zonas de compressão e tensão paralelas ou subparalelas entre si, que se alternam na direção meridional.

18. A origem e o mecanismo de formação das forças geodinâmicas globais foram revelados, as regularidades do seu desenvolvimento no espaço e no tempo foram determinadas.

19. Pela primeira vez, a ideia de que a formação dos principais fenómenos anómalos intra-terrestres, como a astenosfera, a pluma, o diapir, o sutur, etc., está associada a transformações de fase físico-químicas que provocam a descompactação da matéria do manto superior, cuja ativação ocorre proporcionalmente ao aumento do comprimento do raio da Terra e se situa perpendicularmente ao seu eixo de rotação.

20. A classificação das falhas profundas, dos processos de deslocação e dos sistemas de dobragem das montanhas em toda a crosta terrestre é apresentada sob o aspeto genético

21. A partir da posição do conceito, é inequivocamente negada a existência do processo de obducção, que é frequentemente utilizado pelos defensores da tectónica de placas sem corresponder ao seu significado. A partir da posição da tectónica de placas, a formação da obducção é explicada pela sobreposição do tipo oceânico da crosta

terrestre sobre o tipo continental, e o mecanismo de tal processo é inexplicável pelas leis físicas e mecânicas.

22. A origem e as regularidades da distribuição espacial e temporal das erupções vulcânicas e dos sismos foram elucidadas a partir da posição do conceito.

23. As razões para a ausência ou fraca expressão dos processos geotectónicos nos pólos da Terra foram reveladas. Isto confirma indiretamente que todos os processos geotectónicos activos ocorrem sob a influência de forças geodinâmicas.

24. O conceito prova que os processos vulcanoplutónicos e os sismos mais intensos ocorrem nas partes equatoriais da Terra, ou seja, nas faixas latitudinais médias da Terra, e não nas suas zonas próximas do pólo. Isto confirma mais uma vez que as manifestações dos principais processos geotectónicos estão relacionadas com a rotação da Terra.

25. É de notar que a formação de falhas profundas está associada ao movimento de massas litosféricas. Quando as massas se deslocam no interior do manto superior, o equilíbrio termodinâmico entre a litosfera e o manto superior é perturbado. Nessa altura, a descompactação da substância terrestre intensifica-se. Criam-se condições favoráveis à manifestação de processos vulcânico-plutónicos, bem como ao longo destas falhas ocorre um movimento vertical de massas magmáticas na litosfera, provocando a formação de processos de diferenciação, contaminação e assimilação, que estão associados à formação e constituição de vários complexos de rochas intrusivas e subvulcânicas e à formação de minérios associados.

26. Contrariamente aos anteriores investigadores da tectónica de placas, que defendem que as massas litosféricas e os geoblocos que as constituem se deslocam para oeste. A posição do KDESC prova que as massas litosféricas, em geral, se deslocam para leste, mas com desvios significativos, nas direcções sudeste e nordeste, associados às forças dinâmicas que se dirigem dos pólos da Terra para o seu equador. Quanto ao estabelecimento de movimentos de placas e geoblocos separados noutras direcções, tal pode dever-se à diferença de velocidade entre o movimento de geoblocos estáveis e móveis, o que pode ser devido ao desenvolvimento autónomo destes geoblocos.

27. Na posição do KDESC, a astenosfera não é uma geosfera separada e

independente na estrutura da Terra, mas apenas uma expressão física e química de transformações de fase, um tipo de fenómeno anómalo que ocorre entre a litosfera e o manto superior da Terra.

28. A dinâmica da distribuição de tensões no interior dos blocos estáveis é esclarecida do ponto de vista concetual. Verifica-se que, principalmente, as partes orientais dos blocos estáveis se caracterizam pelo desenvolvimento de zonas de tração e as zonas ocidentais de compressão. Isto está relacionado com as regularidades da distribuição das forças geodinâmicas.

29. A origem e as regularidades do desenvolvimento das estruturas do joelho, que se desenvolvem universalmente em todas as zonas da crosta terrestre, foram esclarecidas. Estabelece-se que na sua formação participam as forças dinâmicas, que são condicionadas pelos processos de deslocação, onde algumas estruturas do joelho têm carácter divergente de desenvolvimento, e outras de tipo transformado.

30. A partir da posição do KDESC, foram expressas opiniões de que os processos do manto estão envolvidos na formação de campos de petróleo e gás, que estão associados a falhas profundas, o que apoia as teorias endógeno-biogénicas da origem do petróleo do Académico Sh. F. Mehtiyev.

31. A partir da posição KDESC, os movimentos de massa litosférica são principalmente para leste e as zonas de convergência e divergência estão relacionadas com o seu carácter diferencial de desenvolvimento, que se desenvolvem em direcções submeridionais.

32. A origem e as regularidades do desenvolvimento das margens activas e passivas, dos sistemas de arcos abruptos, das calhas e das formações de fendas, que são os elementos estruturais extremos dos geoblocos estáveis da crosta terrestre, foram elucidadas a partir da posição do KDESC. Desenvolvem-se sob a influência de forças geodinâmicas, que são expressas por manifestações de processos geotectónicos activos.

33. A partir da posição do KDESC, propõe-se um novo método de investigação nas zonas costeiras dos oceanos, baseado no padrão de desenvolvimento e manifestações de tsunamis, que não requer grandes despesas financeiras, em resultado do qual se propõe a proteção da população contra catástrofes naturais como os tsunamis.

34. A partir da posição do KDESC, são apresentadas as origens e os padrões de distribuição dos principais processos geotectónicos globais, tais como vulcanoplutónico, sismotectónico, deslocamento, colisão, metamórfico, zonas divergentes e convergentes, etc., e o seu significado na formação de depósitos minerais.

35. Foram reveladas alterações nas densidades das rochas, o que tem um certo significado no desenvolvimento dos processos geológicos. Isto é expresso no facto de que as mudanças na densidade da matéria em cada meio ocorrem de forma diferente: se as mudanças de densidade ocorrem num meio sólido, o aumento da densidade é acompanhado por processos destrutivos ou transformações metamórficas. E quando as mudanças de densidade ocorrem num meio gás-líquido, então há uma descompactação da matéria, com o que estão associadas as manifestações de fenómenos anómalos, que são de grande importância no processo de origem de muitos processos geológicos, incluindo o seu mecanismo de formação e formação de minério.

36. A partir da posição do KDESC, a origem dos vulcões de lama está ligada a camadas interdensas da litosfera, onde existem condições geotectónicas favoráveis à descompactação da matéria, que pode aflorar à superfície da Terra com zonas enfraquecidas (falhas).

MATERIAIS GRÁFICOS DA MONOGRAFIA

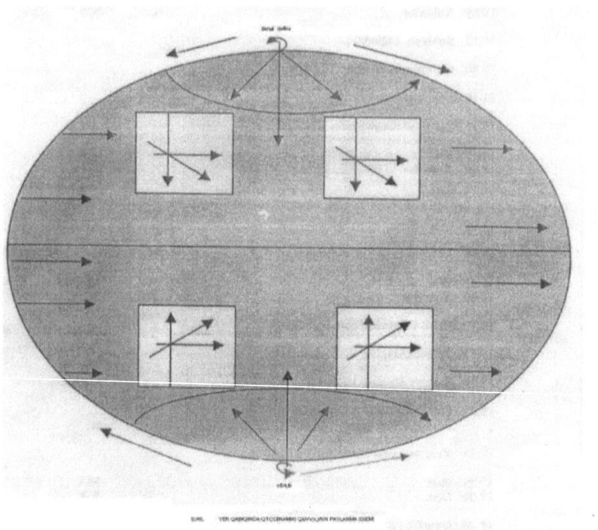

Fig.1. Esquema de propagação das forças hedinâmicas na face terrestre.

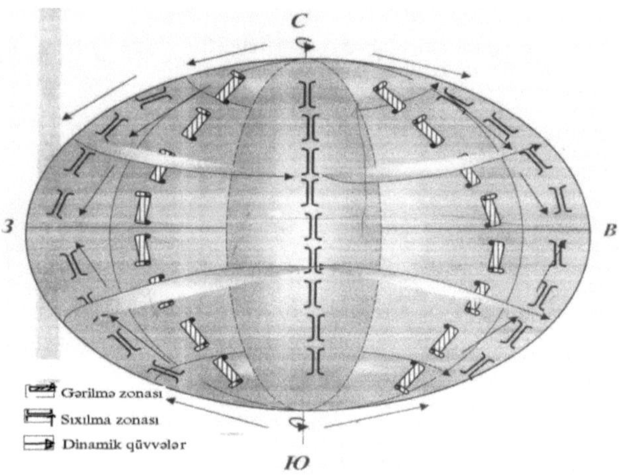

Fig.2. Esquema de distribuição das zonas de tensão na face da Terra (alternância de zonas divergentes e convergentes)

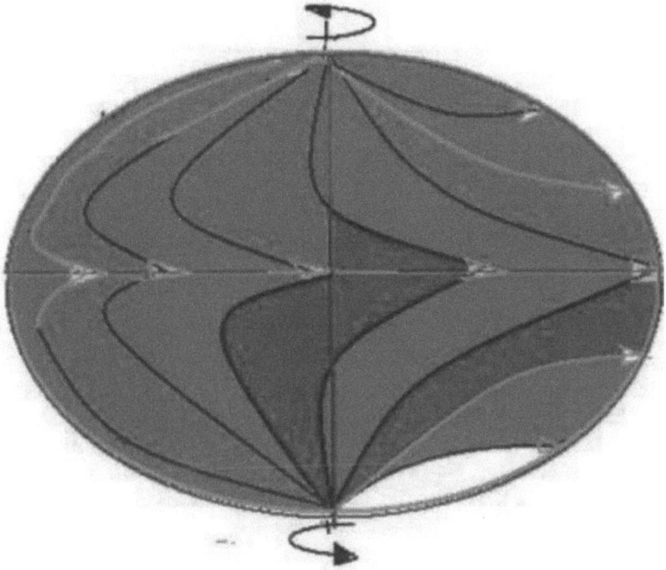

Fig. 3. Esquema da propagação de forças tangenciais na face terrestre

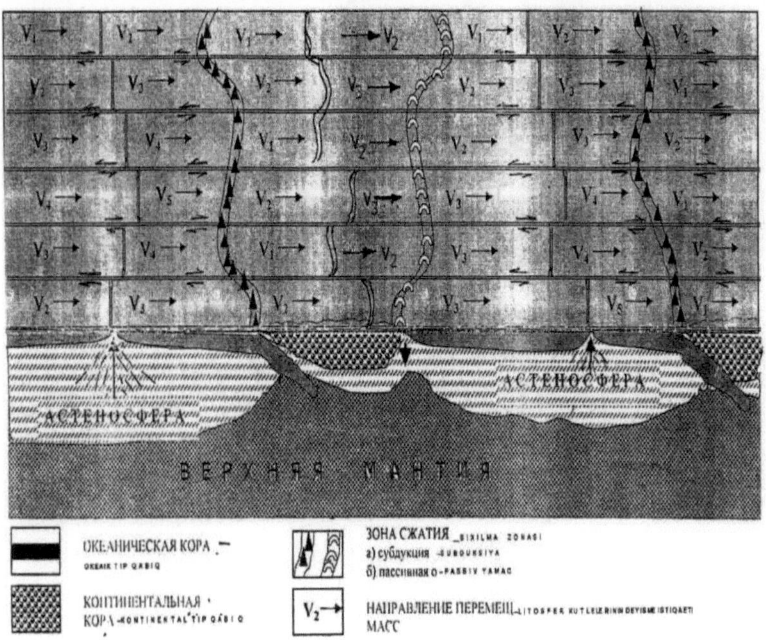

Figura 4. Diagrama de BLOCOS. movimento das massas litosféricas.

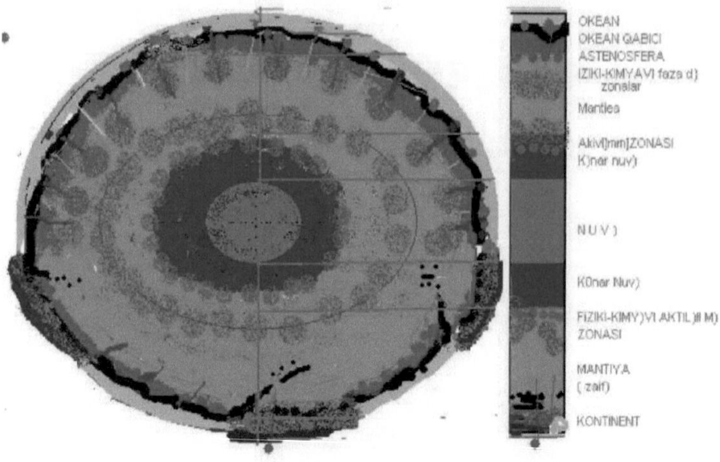

Figura 5. Estrutura interna da Terra de acordo com os conceitos modernos.

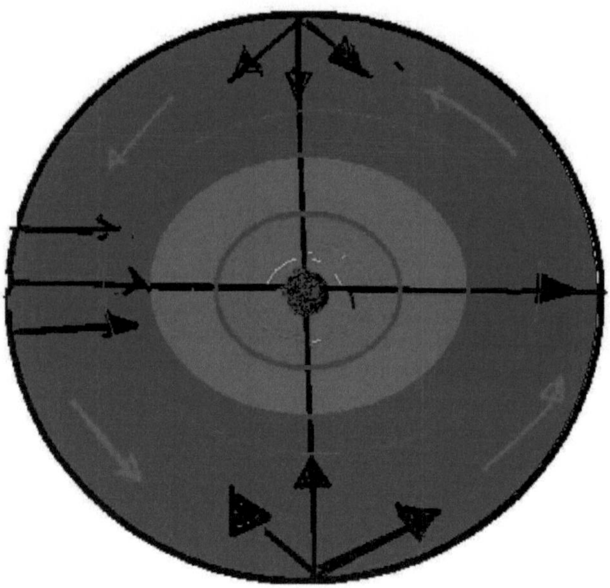

Fig.6. Esquema da direção das forças geodinâmicas ao longo do equador.

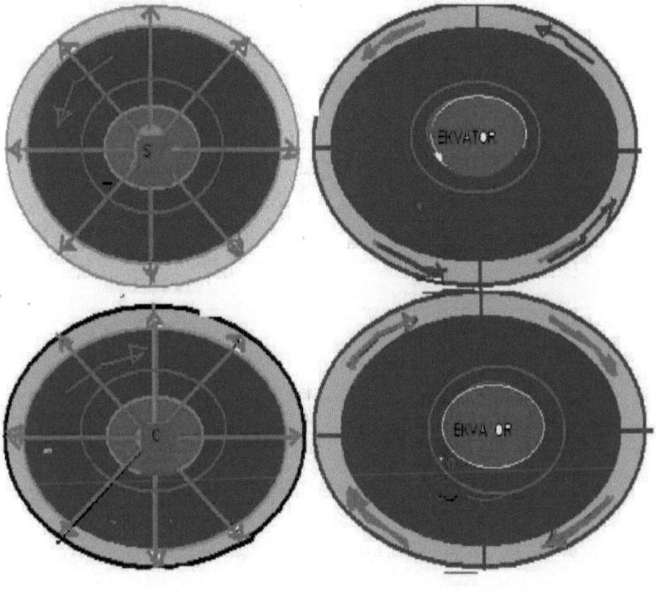

Fig.7.Esquema da direção das forças geodinâmicas para o equador.

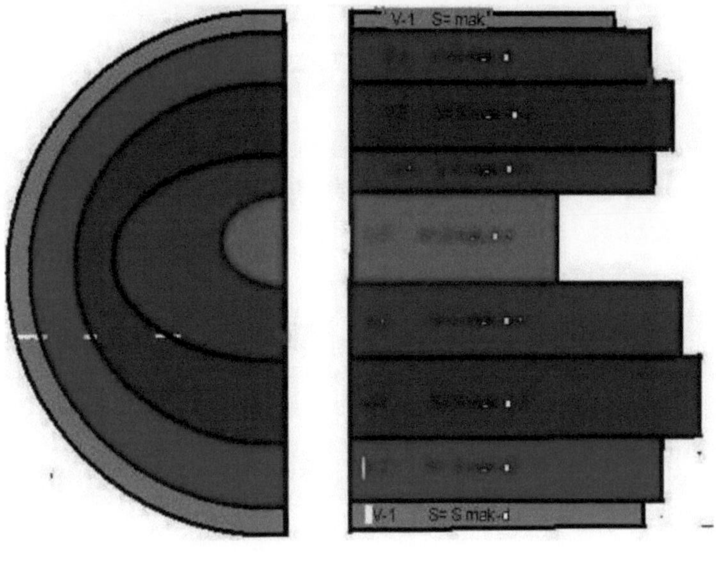

Figura 8. Deslocação relativa da geosfera associada a mudanças nos raios da Terra localizados perpendicularmente à rotação da Terra.

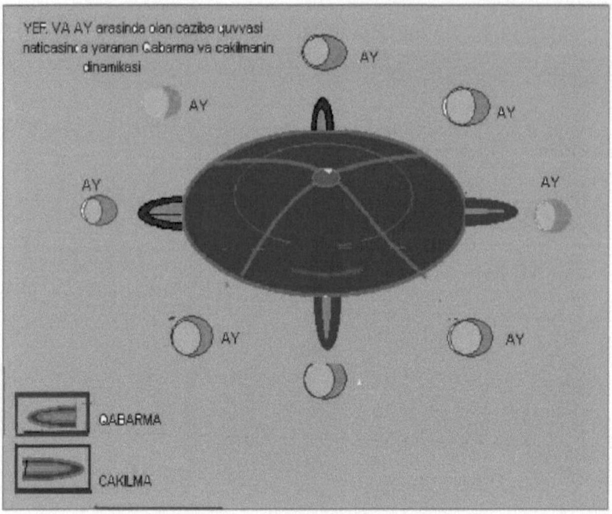

Fig.9.Esquema da força gravitacional entre a Lua e a Terra, que a formação das marés e as marés estão ligadas.

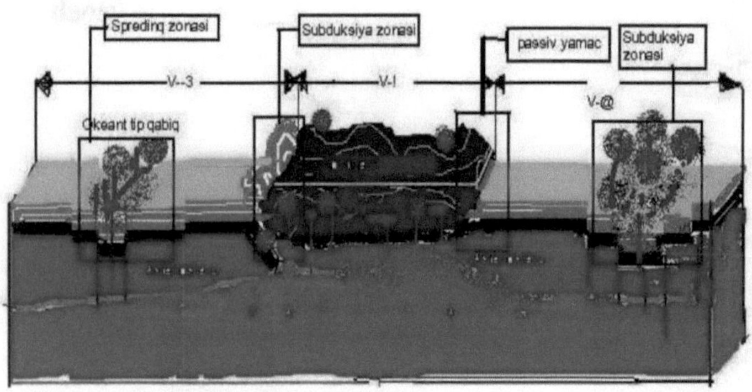

Figura 10. Diagrama de blocos. Distribuição das zonas de tensão ao longo da direção leste. Ao longo da linha oceano-continente-oceano

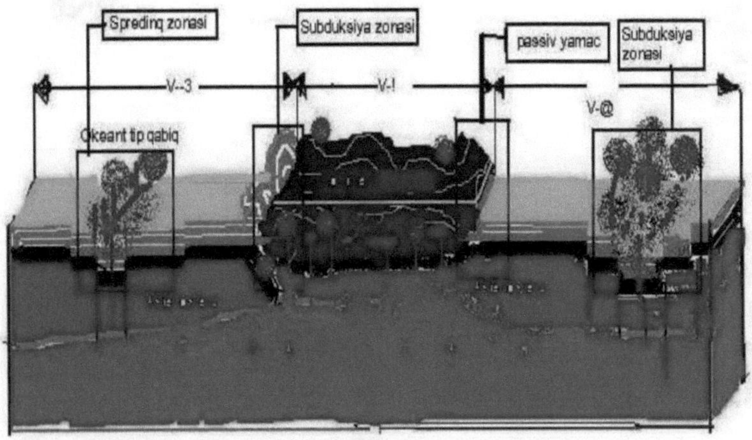

Fig. 11. Diagrama de blocos. Dissecções da zona de tensão.

Ri. 12...Diagrama de blocos . Mecanismo de formação de margens activas e passivas.

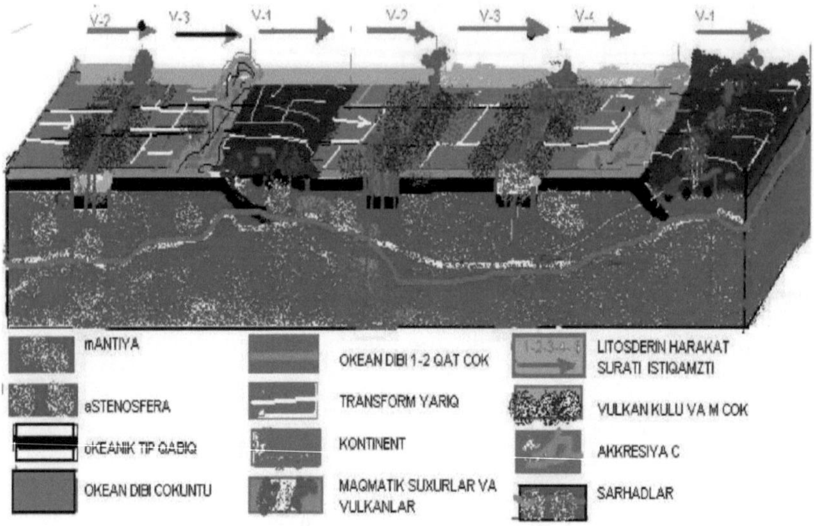

Fig. 13. Bloco-diograma ilustrando o mecanismo de formação de zonas de tensão, como a subducção e o espalhamento, que alternam entre si ao longo da direção leste.

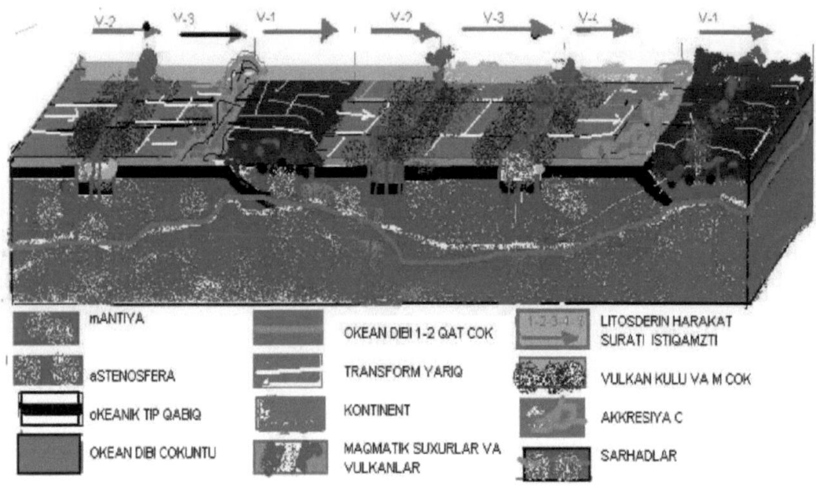

Figura 14: Diagrama de blocos. A formação de espraiamentos na perspetiva do KDESC. Anteriormente, pensava-se que os espraiamentos se formavam como resultado da expansão da crosta em diferentes direcções, mas na realidade são formados por movimentos unilaterais da crosta, em que a velocidade do movimento é diferente. Assim, existem divergências entre placas de velocidades diferentes. É isso que é o espalhamento.

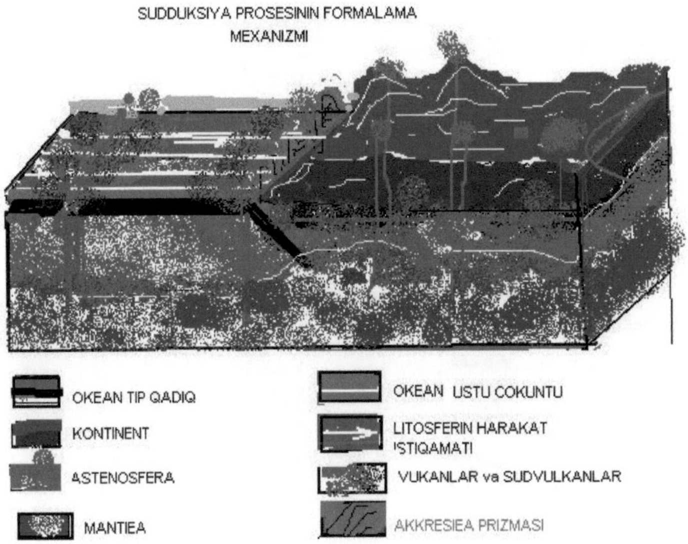

Fig. 15. Bloco -diograma. Mecanismo de formação de subducção.

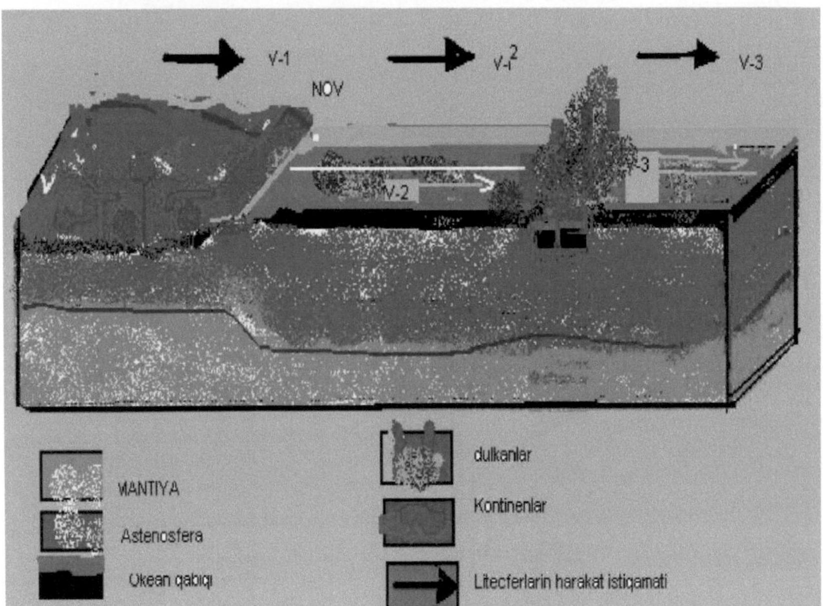

Fig.16. Diograma de blocos. Formações de espalhamento de caleira.

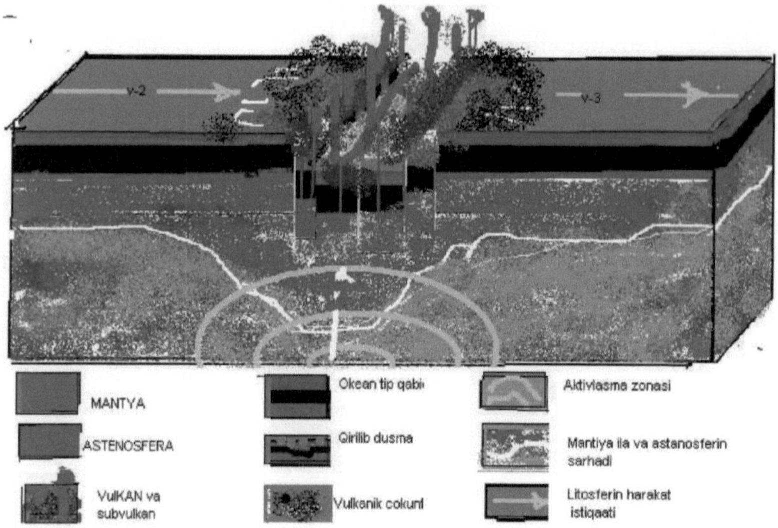

Fig. 17: Bloco-diograma. Formação da zona de espalhamento.

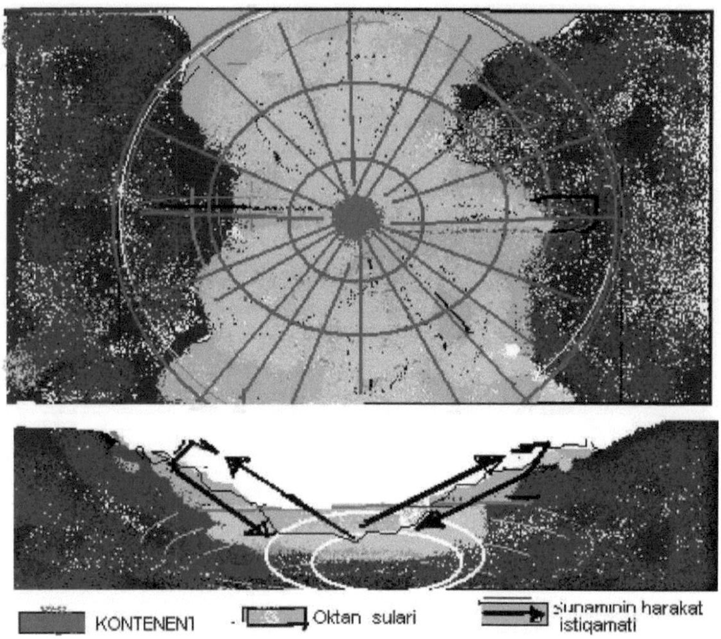

Fig.18 . Mecanismo de formação dos tsunamis.

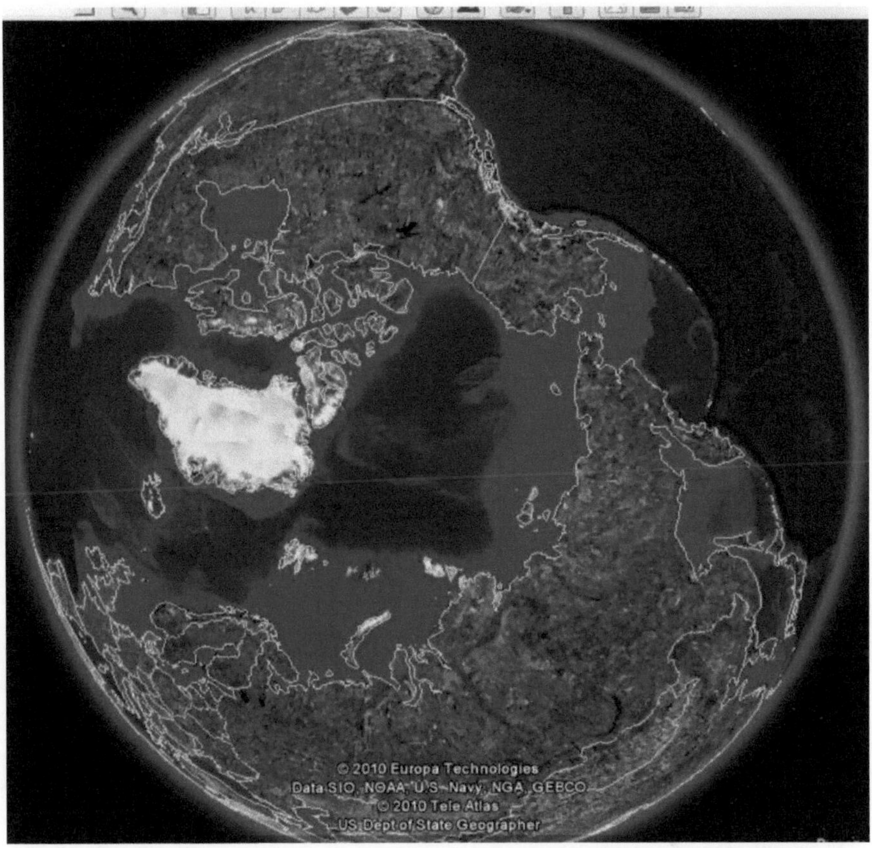

Figura 19. Pólo Norte da Terra. A zona de enfraquecimento das forças geodinâmicas. Nesta zona não há vestígios visíveis de tensões que causam a formação de falhas de subducção, espalhamento e transformação.

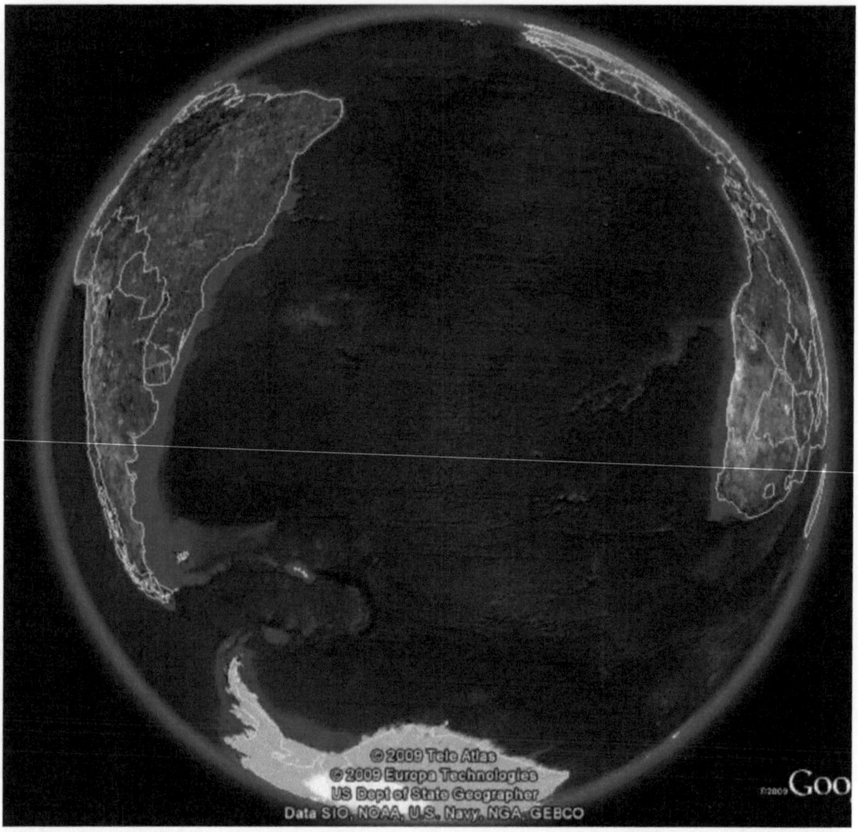

Figura 20. Oceano Atlântico. Existe um intenso fluxo (ou deslocação) de massas litosféricas para leste (entre o Antártico e a América do Sul), bem como estruturas divergentes e convergentes, espalhamento, falhas de transformação e estruturas de crannog.

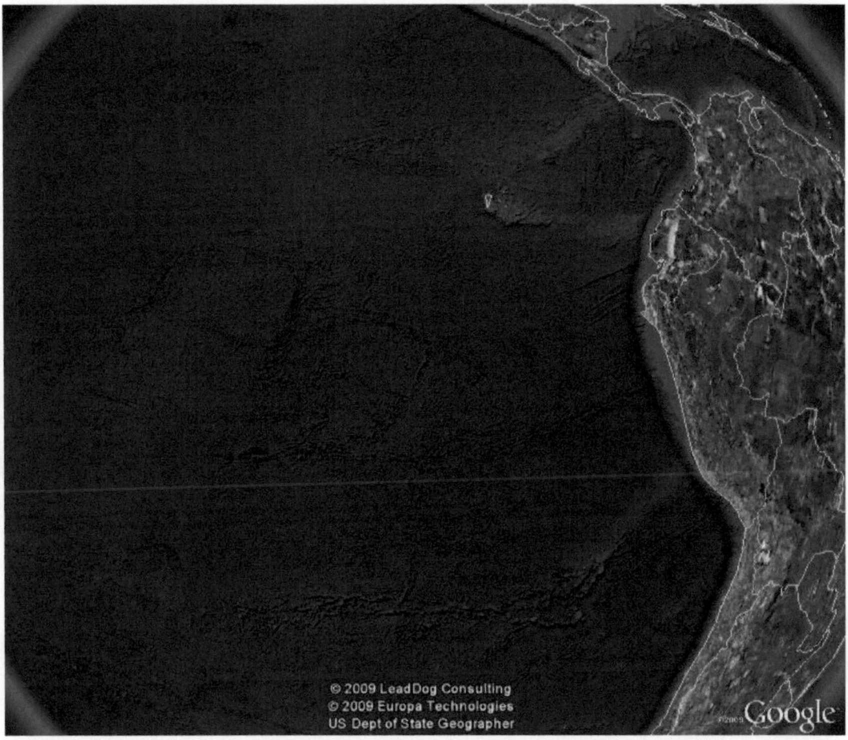

Figura 21. Sudeste do Oceano Pacífico, onde se observa o desenvolvimento de falhas supertransformadas e zonas de divergência de grande amplitude.

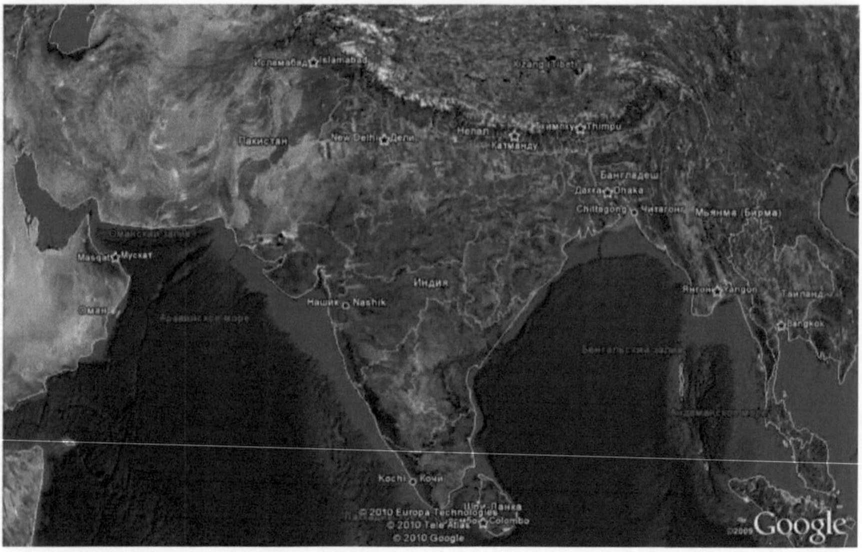

Figura 22 . Norte do Oceano Índico, onde se observa a dissecação da zona de spedding.

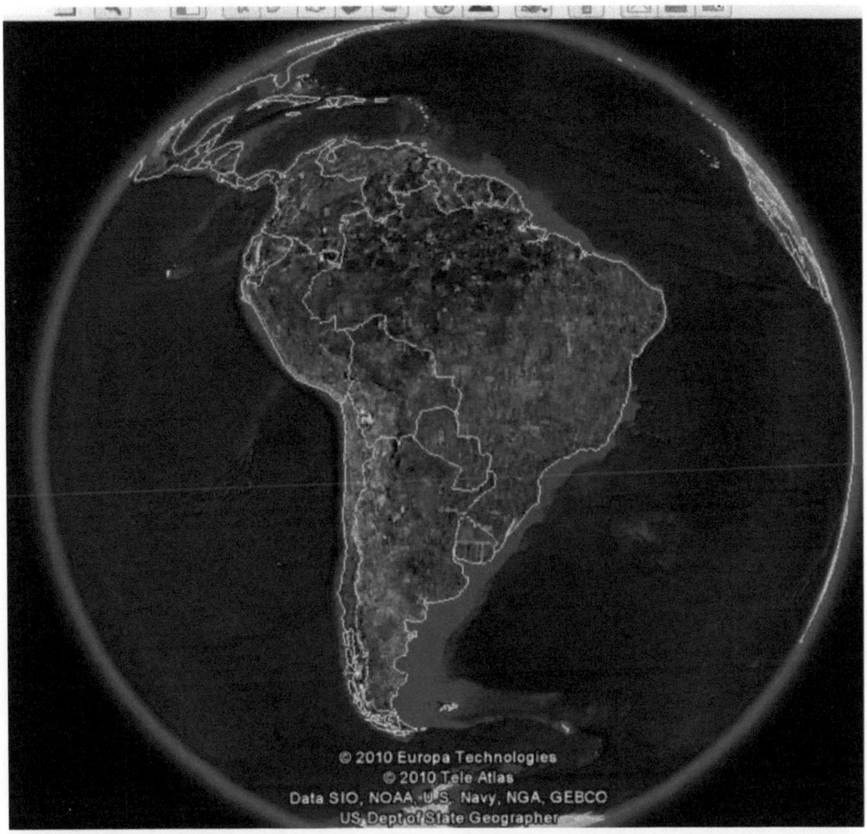

Figura 23. Continente sul-africano, onde se observa claramente nas suas margens orientais a formação de sistemas montanhosos dobrados, que se formaram como resultado da subducção, enquanto que no leste do continente isso não ocorre.

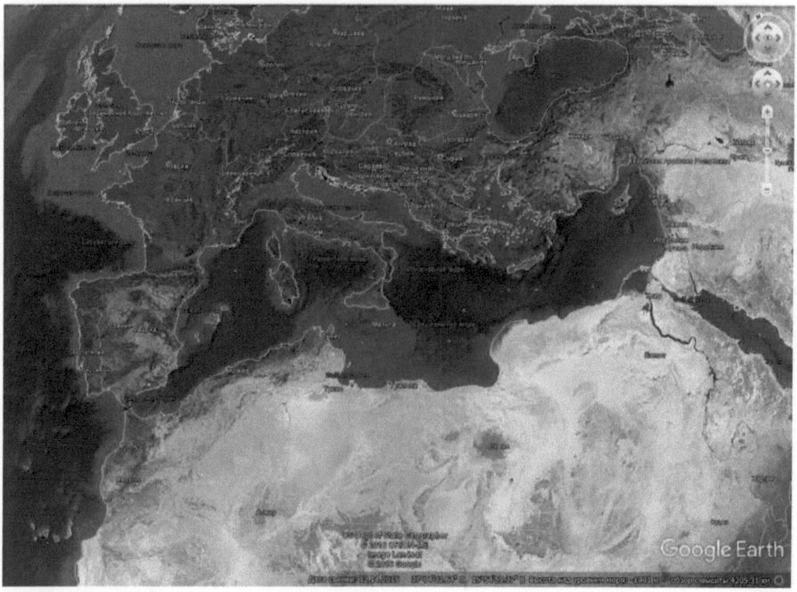

Figura,24. Região do Mediterrâneo Central, que separa a África da Europa. A partir da posição da CDEZC, a região mediterrânica média é uma extensão da fenda do Mar Vermelho, que está associada à atividade vulcânica em Itália.

Figura,25. Fragmento da parte oriental de África, onde as massas litosféricas se deslocam mais ativamente para leste do que nas suas margens ocidentais, provocando a formação de zonas de rifte, localizadas na direção submeridional, que estão também associadas às actividades do vulcão Kilimanjaro e à formação de vários vales de rifte.

Figura 26. Margem oriental do continente eurasiático. A zona mais ativa da Terra. Esta atividade está relacionada com o facto de o desenvolvimento das forças geodinâmicas nesta região se desenvolver em todo o lado, de forma contrastante, ou seja, a taxa de movimento das massas litosféricas na margem ocidental do Oceano Pacífico é muito mais intensa do que no próprio continente euro-asiático. Isto provoca o adelgaçamento da crosta terrestre na zona ocidental do Oceano Pacífico, que é causado por: ativação vulcânica e terramotos.

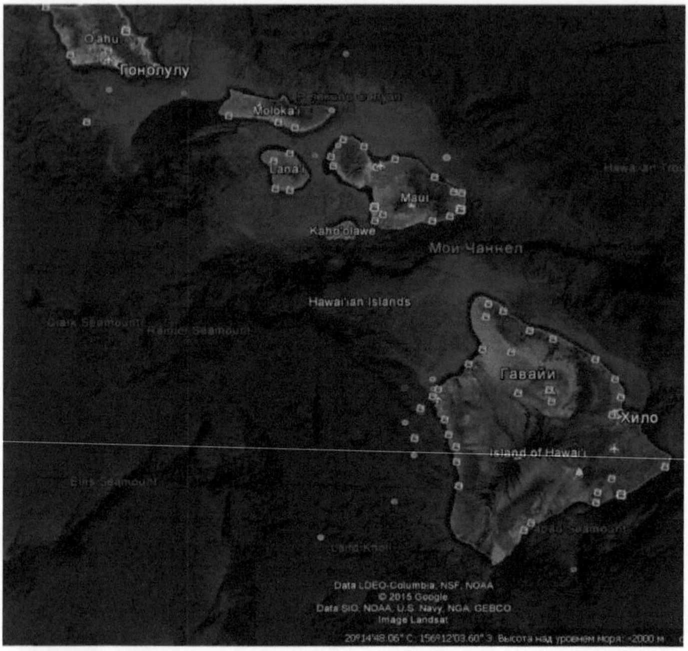

Figura 27. Ilhas havaianas localizadas no centro do Oceano Pacífico. A partir da posição do KDESC, a formação destas ilhas está relacionada com a acumulação de massas litosféricas no Oceano Pacífico, que estão localizadas subparalelamente aos meridianos da Terra.

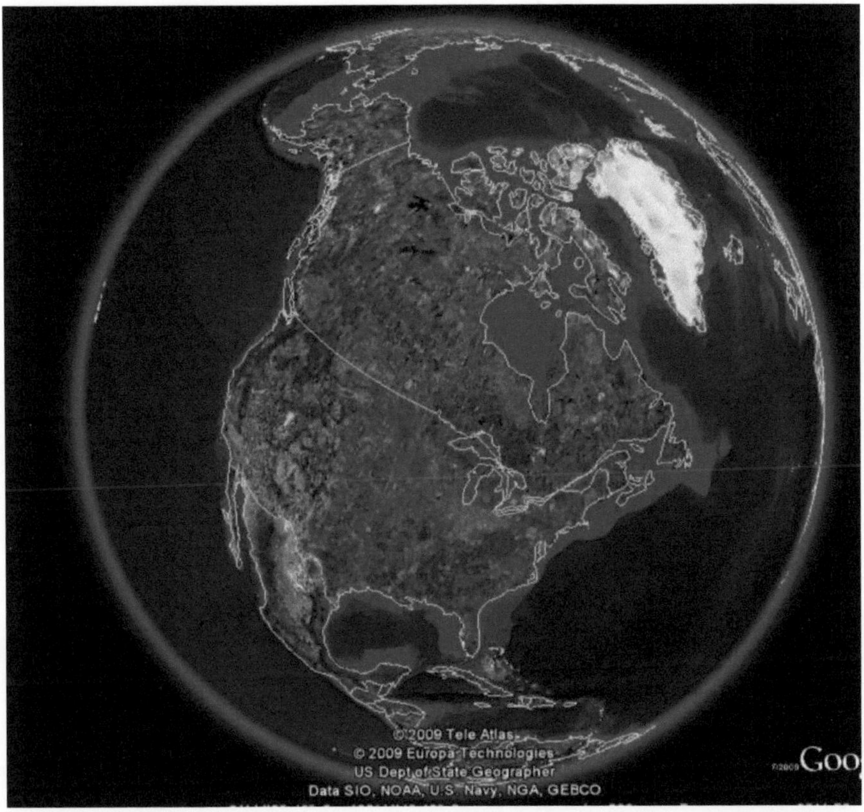

Fig.28...continente norte-americano. A distribuição das forças geodinâmicas é semelhante à da América do Sul, ou seja, os sistemas de dobras montanhosas estão amplamente desenvolvidos nas suas margens ocidentais, enquanto que a leste estão ausentes.

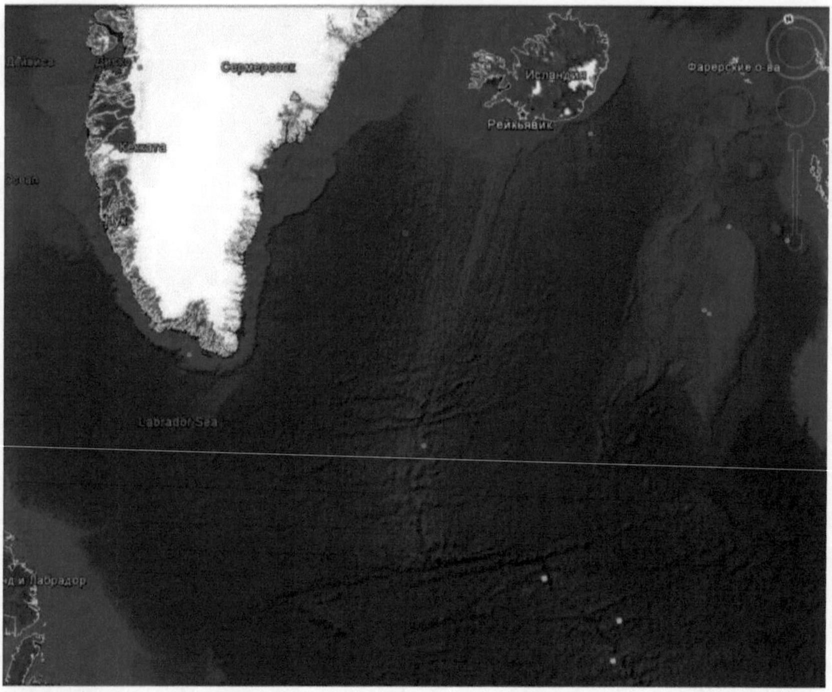

Fig.29. Parte norte do Oceano Atlântico. Aqui, observam-se claramente as inter-relações do SOC (espalhamento) com falhas de transformação, que são acompanhadas pela formação de estruturas de joelho de diferentes níveis.

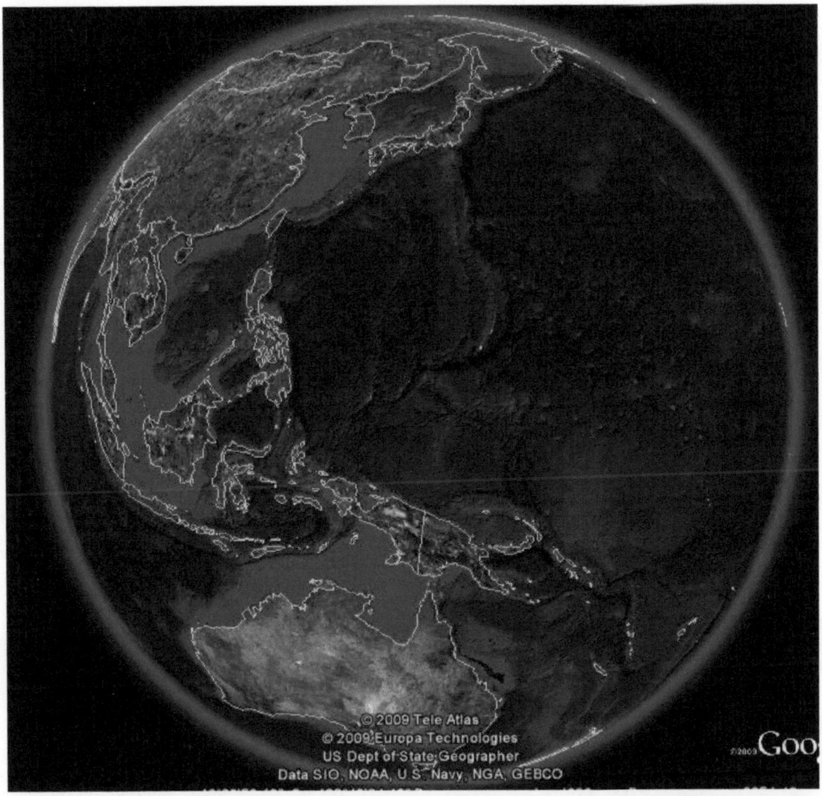

Fig.30. A margem oriental do continente euro-asiático, onde se observa claramente que as massas litosféricas se deslocam na direção leste.

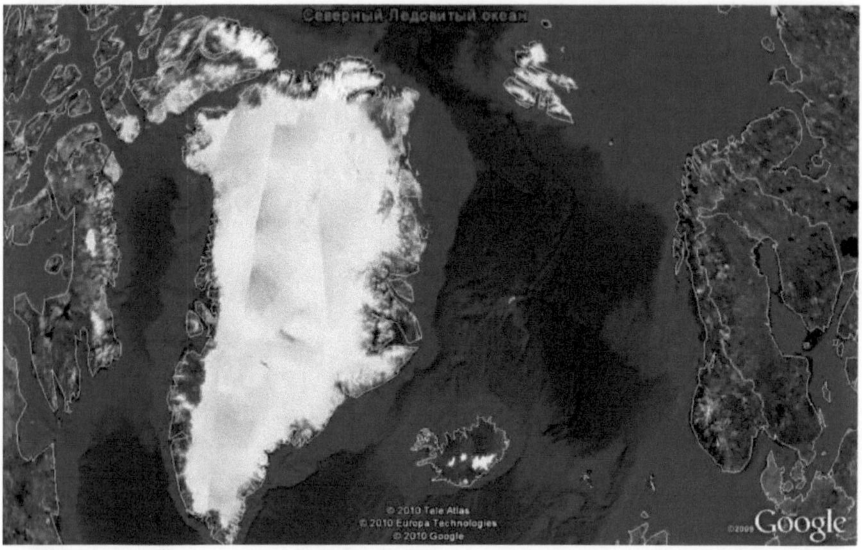

Fig.31. O Oceano Atlântico Norte, onde se verifica uma transição contrastante de zonas móveis para uma zona estável (Pólo Norte), onde a atividade vulcânica está concluída (Islândia).

Figura,32. Tectonicamente a região mais complexa da Terra (a zona de junção entre a África e a Europa), onde se observa a dissecação, uma das zonas super divergentes do mundo, localizada nas margens ocidentais do Oceano Índico, subparalela às meridionais, um ramo do qual se observa no Mar Vermelho e no Mar da Terra Média, que está ligado aos grupos vulcânicos da Itália. E outros ramos desenvolvem-se na direção norte (Golfo Pérsico-Mar Cáspio-Mangyshlakh-Ural), através dos quais estão ligados os campos petrolíferos mais ricos do mundo.

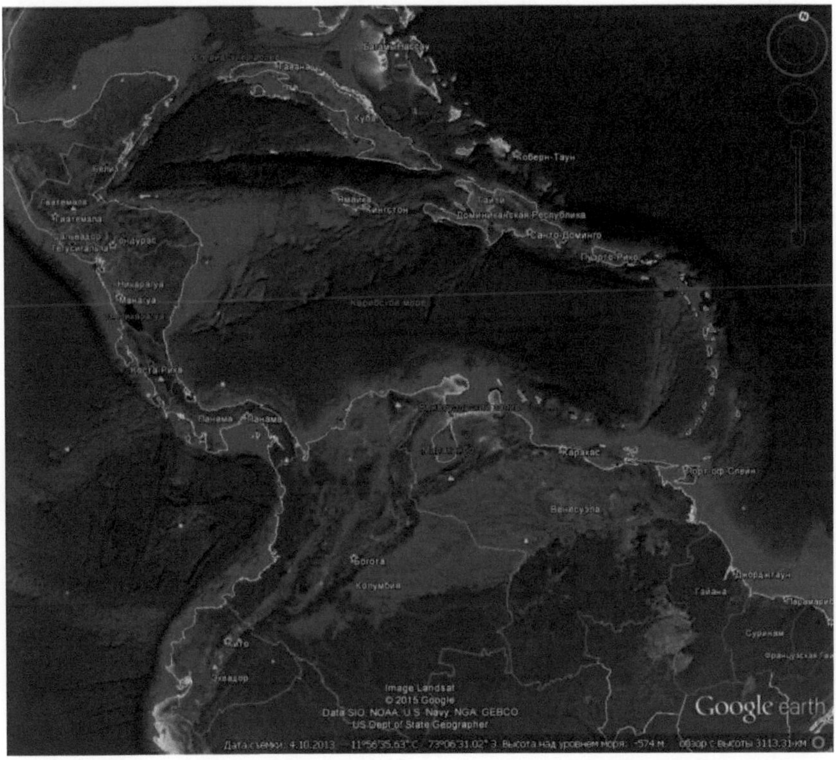

Fig. 33 América Central (Mar das Caraíbas). Há vestígios do fluxo de massas litosféricas, ladeadas por uma cadeia de ilhas (Cuba, Haiti, etc.) onde se observam vulcões activos.

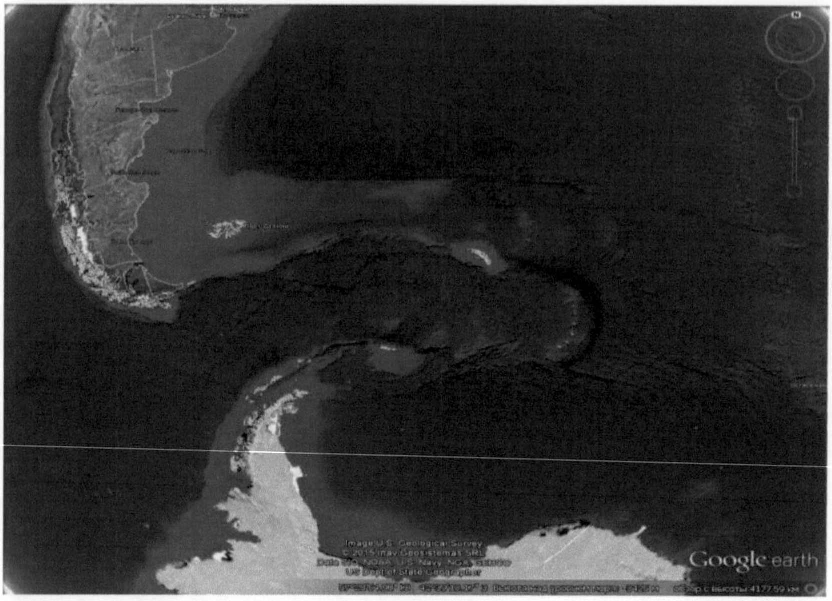

Figura,34. Uma das zonas móveis da América do Sul, onde há um movimento (entre a América do Sul e as Antártidas) de massas litosféricas análogas às da parte central da América. Nas partes frontais desse deslocamento litosférico, observa-se também atividade vulcânica (vulcão Zondarowski), como na parte central da América.

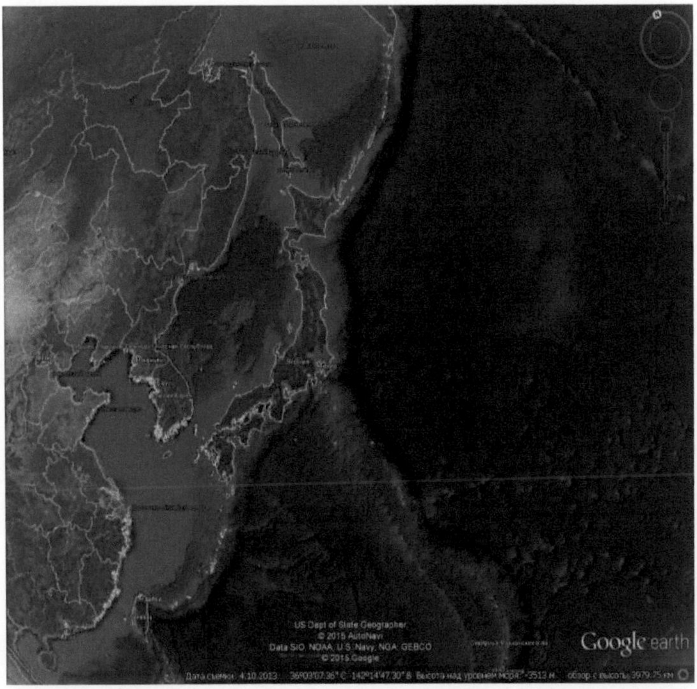

Fig.,35 . Fragmento da margem oriental do continente eurasiático.

A região mais ativa da Terra no que diz respeito ao desenvolvimento de processos tectono-vulcânicos (Japão, Ilhas Krula, Kamchatka, etc.).

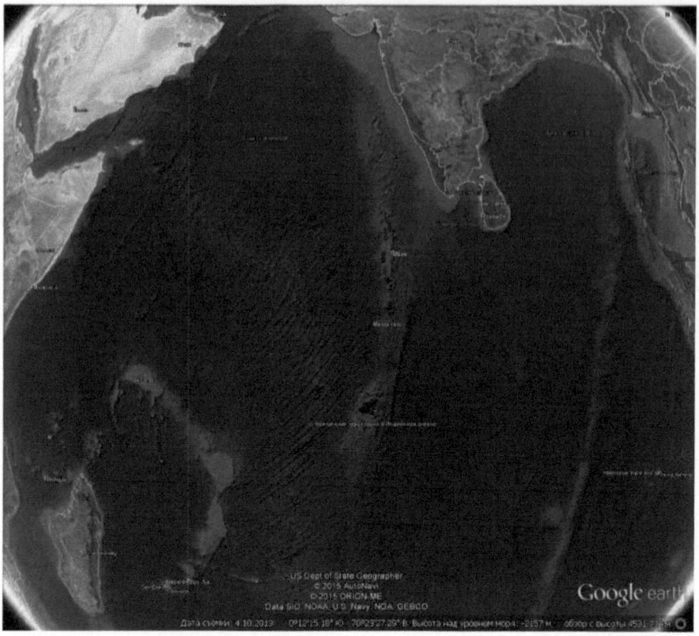

Figura,36. Oceano Índico. Observa-se aqui a combinação de zonas de espalhamento com o empilhamento de massas litosféricas que se desenvolvem na direção submeridional. A alternância de zonas divergentes e convergentes na direção submeridional é claramente observada.

Fig.37. Oceano Atlântico. Aqui observam-se perfeitamente as composições de zonas de espalhamento com falhas de transformação e estruturas de crannog.

LITERATURA

1 Abdullaev R.N. Mesozoic volcanism of the north-eastern part of the M.Caucasus. Izd. da Academia de Ciências da Az.SSR, Baku, 1963.

2 Abdullaev R.N. Petrological and metallogenic features of Mesozoic volcanism of the M.Caucasus. Izd. da Academia de Ciências da Az. SSR, Baku, 1965, p.140.

3 Abdullaev R.N., Aslanov G.I., Akhverdiev A.T. Evolution of orogenic volcanism of the central part of the M.Caucasus within Azerbaijan. In Proceedings "Methods of Palaeovolcanic Reconstructions of Precambrian Volcanism. Petropavlovsk, 1975.

4 Abdullaev R.N., Akhverdiev A.T. et al. Vulcanismo mesozóico do M.Caucasus e sua conexão com a estrutura profunda. Teses do simpósio da União dedicado à estrutura profunda, magmatismo e metalogenia da Cintura Vulcânica do Pacífico. Vladivostok, 1978.

5 Abdullayev R.N., A.T. Akhverdiyev et al. Quaternary volcanism in Azerbaijan. Teses do Conselho da União sobre o Período Quaternário. Yerevan, 1975.

6 Abdullaev R.N., Akhverdiev A.T. Estudo do vulcanismo do Cretáceo e do Paleogénico na parte norte do M. Cáucaso e da mineralização de ouro e formação de benito com ele relacionadas. Na coleção de resumos "Principais resultados do trabalho de investigação do Instituto de Geologia para 1970-71". Izd. "Elm", B., 1972.

7 Abdullaev R.N., Akhverdiev A.T. Magmatismo da vertente sul do Cáucaso B. no interior de Mazymchay e Vandamchay. In Sb.ref. "Os principais resultados do trabalho de investigação do Instituto de Geologia para 1970-71. Izd. "Elm", B., 1972.

8 Abdullaev R.N.Akhverdiev A.T. Para a questão sobre as condições e o mecanismo de formação de desprendimento colunar em formações vulcânicas (no exemplo do Cáucaso Menor). Série de Ciências da Terra, 1976, No.4. p. 30-39.

9 Abdulov M.V. Estrutura da crosta terrestre do Cáucaso e da Crimeia de acordo com os resultados de estudos geofísicos. Geotectónica, n.º 2, 1965.

10 Agabekov M.G. Novos dados sobre a estrutura da parte central da depressão de Kurinsk. "Geotectónica", 1976, No.5, p.75-82.

11 Agabekov M.G., Mammadov A.V. Geology and oil and gas content of Western

Azerbaijan and Eastern Georgia. Baku, 1960.

12 . Azizbekov Sh.A. Geologia e petrografia da parte nordeste do Cáucaso Menor. Izd. da Academia de Ciências da República Socialista Soviética, 1947.

13 . Azizbekov Sh.A. Para a petrologia do Cáucaso Menor. Actas de Azfan USSR, Vol. XXVI, 1936.

14 . Azizbekov S.A., Shikhalibeyli E.S. Geological development of the Lesser Caucasus segment of the Alpine geosynclinal belt. Geotectónica, n.º 6, 1966.

15 . Allakhverdiev V.M. Coupling of the Murovdagh anticlinorium with the Touragachai synclinorium within the Murovdagh ridge (M. Caucasus) Cand. dissertation, Baku, 1959.

16 . Allakhverdiyev G.I. Estrutura geológica e história do desenvolvimento tectónico de Kelbajar sobreposto muld. autref. kand. diss. Baku, 1967.

17 . Allakhverdiev G.I. Novos dados sobre a estrutura geológica da vertente oriental da cordilheira Este-Sevan no alto rio Terter (M. Cáucaso). Izv. da Academia de Ciências da Az.SSR, série de geol.-geografic. ciências, No.2, 1964.

18 . Artemev I.V., Artyushkov E.V. Isostasia e tectónica. "Geotectónica", n.º 5, 1967.

Artyushkov E.V. Diferenciação na substância terrestre e fenómenos relacionados Izv. AN USSR. Física da Terra, 1970, No.5 p 18-30.

19 Arkhipov I.V. "Continental Mesozoic geosynclines. "Geotectónica", 1975, n.º 6, pp.68-79.

20 Aumento-Lonkarevik B.D., Ross D.I. Geologia da Crista Média Atlântica. In v. Petrologia de rochas eruptivas e metamórficas do fundo oceânico M., Mir, 1973, p. 168-197.

21 Akhverdiev A.T. Para a questão da divisão dos vulcânicos do Quaternário do CMM do Cáucaso Menor. Na coleção "Issues of mineralogy, petrology and ore deposits of Azerbaijan dedicated to the memorial of M.A.Kashkaya. Editora M.A.Kashkaya elm Baku-1991.

22 Akhverdiev A.T. A morfologia dos aparelhos vulcânicos quaternários do KNM.

Mat. da conf. científica de jovens cientistas do instituto dedicada ao 50º aniversário da URSS. 50º aniversário da URSS, B., 1972.

Akhverdiev A.T. O vulcão Kirmyzydag e os seus produtos. Dokl. da Academia de Ciências da Az.SSR, No.4, Vol. XXXV, B., 1976.

23 Akhverdiev A.T. Some questions of Quaternary volcanism of KNM. Mat. da conferência científica dedicada ao 50º aniversário da ASU, Baku, 1969.

24 Akhverdiev A.T. Nizhnesenon volcanism of the ophiolitic strip of the M.Caucasus. Mat. Conselho da União. "Evolução dos complexos ofiolíticos. Sverdlovsk, 1981.

25 Akhverdiyev A.T. New data on eruption centres of Quaternary lavas of Kelbajar region (Azerbaijan). Uchen. zapad. Série ASU de ciências geológico-geográficas. Baku, 1970, № 4.

26 A.T. Akhverdiyev sobre os centros de erupção das lavas quaternárias de Kelbajar (Azerbaijão). Matls of scientific conf. of young scientists devoted to the 50th anniversary of ASU. Baku, 1969.

Akhverdiyev A.T. About cyclic character of Quaternary volcanism in the Azerbaijani part of the Lesser Caucasus. Coleção dedicada ao 60º aniversário da Revolução de outubro. Baku, 1978, p.91.

27 Akhverdiev A.T. Formação de separações colunares em lavas quaternárias de Kelbajar mulda. Teses do relatório da sessão científica na região de Kelbajar dedicada ao 50º aniversário da URSS. Baku, Kelbajari, 1972.

28 . Akhverdiev A.T. Experience in compiling a palaeovolcanic map (on the example of the CNM of the M. Caucasus). Actas do III Simpósio Paleovolcanológico. Novosibirsk, 1976, p.38.

29 Akhverdiev A.T. Paleovolcanological reconstructions of Cenozoic volcanoes of the central part of the M. Caucasus in connection with tectonic development. Simpósio paleovolcanológico. Khabarovsk, 1979, p.215-217.

30 Akhverdiev A.T. Structural and morphological peculiarities of Quaternary volcanic structures of the CNM and Caucasus. V Encontro Vulcanológico. Tbilisi, 1981.

31 Akhverdiev A.T. Desenvolvimento tectono-magmático da parte central do M.Cáucaso e questões relativas à sua exploração de minérios. Resumos do IV Conselho Petrográfico sobre o Cáucaso, a Crimeia e os Cárpatos. Tbilisi, 1981.

32 Akhverdiev A.T., Allakhverdiev G.I. Relação dos vulcões do Quaternário com a tectónica na mulda de Kelbajar. Matls of scientific conference devoted to the 50th anniversary of ASU. Baku, 1969.

33 . Akhverdiyev A.T., Huseynov F.G. Volcanoes of Ayichingilli group of Kelbajar district (Azerbaijan). Notas académicas da ASU, série de geologia e geografia. Baku, 1977

34 Akhverdiev A.T.Vulcanismo quaternário da mulda sobreposta de Kelbajar do Cáucaso Menor. Izv. da Academia de Ciências de Az. SSR.série de Ciências da Terra !984g №5. 99-104 c.

35 A.T.Akhverdiev A.T.Fracturas primárias, a sua génese e regularidades de distribuição em formações efusivas (no exemplo de M.Caucasus) Bilgi Magazine, Baku, 2004 № 1.art. 37-41.

36 Akhverdiev A.T. Estruturas vulcânico-tectónicas do Kayazoic do KHM do Cáucaso Menor. Zhurn. Bilgi. Baku, 2000, pp.44-48.

37 . Akhverdiev A.T. Formações de fratura primária, sua génese e regularidades de distribuição em formações efusivas (no exemplo de M.Caucasus).Zhurn. Bilgi. No. 3, 2004. art. 37-41.

38 . Akhverdiev A.T.Yer qabigininin inkişafinm yeni modeli, Jurnal Bilei, No.3. 2001. Baky.

Akhverdiyev.-VTAieiiesis dos septos colunares em volkanites no Leesser Caukasus Turquia. Ankara.2005.

39 . Akhverdiev A.T. Samedova P. A. Condições geológicas de formação das bolsas de ofialite de M. Kafkaz. Mat. 4ª conferência científica. Baku, 2002. 37-38.

40 . Akhverdiev A. T. Novo modelo geodinâmico de movimento de massa da litosfera. Materiais da 7ª Conferência Internacional. Dedicada ao 85° aniversário da Universidade Estatal de Moscovo. 85° Aniversário da Universidade Estatal de Moscovo (MGRI- MGGRU) "Novas Ideias em Ciências da Terra" Moscovo. 2007. v.8

41 . Akhverdiev A.T., Veliev Z.A. Geodynamic forces of the Earth and their role in the formation of mineral deposits. Na coleção da conferência científica "Problemas actuais da geologia" dedicada ao 91° aniversário de Heydar Aliyev. Baku, 2024. 91° aniversário de Heydar Aliyev. Baku, 2024. Art.31-32.

42 AkhverdievA.T., KashkaiCh.M. Degassing as a consequence of geodynamic processes. Conferência Internacional sobre Desgaseificação da Terra. Moscovo. 2002г.

43 . Akhverdiev A.T.Origem dos fenómenos anómalos e seu significado na evolução da crosta terrestre. 2ª interd. conferência. Kiev, 2016. p.5-10.

44 . Akhverdiev A.T.Forças geodinâmicas da Terra, origem, padrões de distribuição e seu significado na evolução da crosta terrestre.2ª Conferência Internacional. Kiev, 2016. art. 10-15.

45 . S.Balavadze B.K. Gravitational Field and Structure of the Earth Crust of Georgia (Campo gravitacional e estrutura da crosta terrestre da Geórgia). Izd. da Academia de Ciências da Geórgia. SSR, 1957.

46 Belov A.A. Paleozoico do Cáucaso e problemas de paleotectónica. "Geotectónica", 1986, n.º 3, pp.91-99.

47 Belov A.A. Tectónica da faixa mediterrânica. "Geotectónica", 1978, n.º 6, p.120-123.

48 Belousov V.V. Crosta terrestre e manto superior dos continentes. Izdvo "Nedra", M., 1966.

49 Belousov V.V. Crosta terrestre e manto superior dos oceanos. Izdvo "Nedra", M., 1968.

50 . BelousovV.V. Algumas questões de estrutura e condições de desenvolvimento de zonas de transição entre continentes e oceanos. "Geotectónica", 1981, n.º 3, p.3-23.

51 Belousov V.V. Sobre os modos endógenos dos continentes. "Geotectónica", 1974, No.3, p.47-54.

52 Belousov V.V. Questões básicas de geotectónica. 2ª edição, 1962.

53 . Belousov V.V. Modos endógenos e magmatismo do manto. "Geotectónica",

1983, n.º 6, p.3-12.

54 Belousov V.V., Gazovsky M.V. Tectónica experimental. M., "Nauka", 1964.

55 Belousov V.V., Pavlenkova N.I. Tipos de crosta terrestre. "Geotectónica", 1985, No.1, p.3-14.

56 . Bely V.F. A tectónica comparativa dos arcos vulcânicos da parte ocidental do Oceano Pacífico. "Geotectónica", 1974, n.º 4, p.85-101.

57 Bemmelen R.V. Geologia da Indochina. M., Izd. de Literatura Estrangeira, 1957, 394 p.

58 Bogdangov N.A. Ophiolites of continents and ocean floor. "Geotectónica", 1977, n.º 5, pp.55-67.

59 Borisov O.G., Borisova V.I. Extrusões e processos gás-hidrotérmicos conexos. Izd. "Nauka", 1974, 200 p.

60 *Wegener A.* Origin of continents and oceans /per. do alemão. P. G. Kaminsky, ed. por P. N. Kropotkin. - L.: Nauka,

61. Bratash V.N. Kerman-Kashmer trough of Iran and the problem of conjugation of the pre-Jurassic structures of the Turan plate and the Mediterranean belt. "Geotectonics", 1976, n.º 5, pp.55-67.

62.Bush V.A. Sistemas de lineamentos transcontinentais da Eurásia. "Geotectonics", 1983, No.3, p.15-31.

63.Bush V.A. Transcontinental lineaments and problems of mobilism. "Geotectonics", 1983, No.4, pp.14-25.

64.Vegener A.V. Origin of continents and oceans. M., 1924.

65.Vlasov G.M. Sobre a essência geológica dos processos de ativação. "Geotectónica", 1979, No.6, p.20-31.

66. Vlasov G.V. et al. Magmatogenic ore systems M. Nauka, 1986, 228 p.

67. *Wegener A.* Origem dos continentes e oceanos /per. do alemão.

68. П. G. Kaminsky, ed. por P. N. Kropotkin. L. Nauka, 1984. 285 c.

69. Vlasov G.M. Arcos de ilha e nova tectónica global. "Geotectónica", 1976, n.º 1,

pp.5-16.

70. Vlodovets V.N. Volcanoes of the Soviet Union. edição estatal de literatura geográfica. Moscovo, 1949.

71. Vlodovets V.N. Algumas questões que devem ser tidas em conta na compilação da classificação das rochas vulcaniclásticas. Probl. Volcanology. Yerevan, 1959.

72. Vlodovets V.N. About volcanic tectonics. Boletim da Estação Vulcanológica da Academia de Ciências da URSS, n.º 23, 1954.

73. Vlodovets V.N. Sobre a terminologia vulcanológica. Boletim da Arte Vulcanológica da Academia de Ciências da URSS, 1954, n.º 21, p.43-46.

74. Vlodovets V.N. O problema dos ignimbritos e dos hioleoclastos no simpósio internacional em Itália. Bull. vulk. st. An USSR, 1962, No.33, p.80-85.

75. Voskresensky S.S., Dumitrashko N.V. Comparative characterisation of volcanic (basalt) regions of the Soviet Union. Vopros. geogr. M-L., 1955.

2. Sistema de Fendas da África Oriental. Vol.2, M., "Nauka", 1974, 260 p.

77. Vulcanismo, processo hidrotermal e formação de minério. M., "Nedra", 1974, 263 p.

78. Hajiyev R.M. Deep structure of Azerbaijan (Estrutura profunda do Azerbaijão). Baku, 1965.

79. Hajiyev R.M. Deep structure of Azerbaijan (Estrutura profunda do Azerbaijão). Izd. Azerneshr, 1965.

80. Hasanov T.Ab. História do desenvolvimento da zona de ophiolite Sevan-Akerin do Cáucaso Menor. "Geotectónica", 1986, n.º 2, pp.92-104.

81. Hasanov T.Ab. Sobre a idade dos ofiolitos e a independência do complexo gabro-diabásio da zona de Sevan-Akerin do Cáucaso Menor. 1979, №5, c.8097.

82. Hasanov T.Ab. Sobre a fusão da crista de Shahdagh (M.Cáucaso). "Geotectónica", 1974, 15, pp.86-93.

83. Hasanov T.Ab. Olystostromes paleogénicos do Cáucaso Menor. "Geotectónica", 1983, n.º 5, pp.74-83.

84. Mapa geológico do Oceano Pacífico e da cintura móvel do Pacífico. Mastab - 1:10000000. L. Ministério da Geologia da URSS, Instituto Geológico de toda a Rússia, 1973.

85. Gzovsky M.V. Problems of Magmatism and Tectonophysics. Problems of volcanic rocks, Yerevan, 1959.

86. Gilyarova M.V. Globular lavas of the Siusar district of southern Karelia and the problem of the genesis of globular lavas. Uch. zap. of LSU, No.268, vol.10.

87. Gorin V.A. Depressão tectónica do Cáspio e vulcanismo de lama. DAN Azerbaijão SSR, 1953, vol.1X, No.12.

88. Gorshkov G.S. Algumas questões da teoria da vulcanologia. Izv. da Academia de Ciências da URSS, Série Geol. 1958, No.11.

89. Gorshkov G.S. Sobre a profundidade do centro matemático do vulcão Kliuchevskoi. Dokl. da Academia de Ciências da URSS, 1956, vol. 106, n.º 4.

90. Gorshkov G.S. O fenómeno do vulcanismo e o manto superior. No livro: "Chemistry of the Earth's Crust", vol.2, 1964.

91. Grachev A.F. Rift Zones of the Earth. M., Nedra, 1987.

92. Mapa gravimétrico do Oceano Pacífico e da cintura móvel do Pacífico, M-be 1:10000000. M., 1976.

93. Grachov A.F. Rift Zones of the Earth, L.Nedra, 1977, 247 p.

94. Dzotsenidze G.S. On the role of effusive volcanism in the formation of mineral deposits (Sobre o papel do vulcanismo efusivo na formação de depósitos minerais). Materiais de 2 petro. Reunião, Tashkent, 1958.

95. Dobretsov I.A.Problemas de correlação entre tectónica e metomorfismo. Etrologia, 1995, vol.3;No.1, pp.4-23.

96. Dobretsov I.A., Kirdyashin A.G. Deep geodynamics. Novosib.1994, 299 pp.

97. Dobretsov I.A. Global petrological processes, M. Nedra, 1981, 236 p.

98. Dean R.A. Erupted rocks and depths of the Earth. ONTI, 1936, 591 p.

99. Zavaritsky A.N. Some features of the latest volcanism of Armenia. Izv. da

Academia de Ciências da URSS, Série Geol. nº 1, 1945.

100. Zavaritsky A.N. Some features of Quaternary volcanism in Armenia (Algumas características do vulcanismo quaternário na Arménia). Izv. da Academia de Ciências da URSS, n.º 5-6, 1944.

101. Zavaritsky A.N. About some data of volcanology in connection with the study of Quaternary tuffs and tuffolavas of Armenia. Izv. da Academia de Ciências da Arm. SSR, tod. Ciências Naturais, n.º 10, 1946.

102. Zairi M.D., Akhverdiyev A.T. Morphological features of Quaternary volcanoes of Kelbajar region (Azerbaijan). Uchen. zap. da Azgosuniversidade, série de geol.-geografic. ciências, Baku, 1969, №3.

103. Zonenshain L.P., Kuzmin M.I. Paleodinâmica. M. 1993

104. Zonenstein L.P. Intraplate volcanism and its significance for understanding the processes in the Earth's mantle. "Geotectonics", 1983, No.1, pp.28-45. metallogeny of Europe", Jugoslávia, Dubrovnik, 1987.

105. Ismail-Zadeh A.J. Evolution of the Cenozoic basite volcanism of the Lesser Caucasus. Dissertação de doutoramento, 1990, 39 p.

106. Mapa dos recursos minerais dos continentes mundiais m-b, 1:15000000. L. Mingeo SSSr, 1970. Art.35.

107. Kashkai M.A. et al. Deslocações transversais (anti-caucasianas) da região da Crimeia-Caucásia. Izd. "Nedra", Moscovo, 1967.

108. Kashkai M.A. Magmatic activity in the Neogene-anthropogenic transverse structures of the Caucasus. In Proceedings: "Volcanoes and Volcano-Plutogenic Formation", vol. 2, M., 1966.

109. Kashkai M.A., Tamrazyan G.P. Luxações transversais (anti-caucasianas) da região da Crimeia-Caucásia. Nedra, 1967.

110. Kashkai M.A., Khain V.E., Shikhalibeyli E.Sh. On the question of the age of the Kelbajar volcanogenic strata. Dokl. da Academia de Ciências da República Socialista Soviética, Vol.8, No.6, 1952.

111. Kashkai M.A., Khain V.E., Shikhalibeyli E.Sh. To the stratigraphy of the

Palaeogene of the upper reaches of the Akera and Terter rivers in the adjacent part of Lake Sevan. Izv. da Academia de Ciências da Az.SSR, n.º 3, 1950.

112. Coman R.G. Ophiolites M.Mir, 1989.

113. Kopp M.D. On the origin of transverse folded zones of epigeoo synclinal orogenic belts, on the example of the eastern part of the Alpine belt of Eurasia. Geotectónica da URSS. 1978.

114. Koptiev-Dvornikov V.S., Blokhina M.I. et al. On fractures, classification and nomenclature of ancient volcanogenic and clastic rocks. Problems of volcanic rocks, Yerevan, 1959.

115. Kosygin Yu.A. Tectónica. M., Nedra, 1983. 536 c.

116. Kravchinsky A.Ya.Periodicidade na deriva continental. "Geotectónica", 1978, n.º 2, p.3-18.

117. Krasny L.I. Problemas de sistemática tectónica. M.Nedra, 1977, 175 p.

118. Kropotkin P.N. Sismicidade associada à fratura da placa litosférica em mergulho (subducção). "Geotectónica", 1978, n.º 5, p.3.

119. Levinson-Lessing F.Yu. Effusive rocks of the USSR (Rochas efusivas da URSS). Izv. da Academia de Ciências da URSS, Série Geológica, No.2, 1940.

120. Leonov M.T. Olistrostromes e a sua génese. "Geotectónica", 1978, n.º 5, p.1833.

Litvin V.M. Sobre a tectónica de falhas do fundo do Oceano Atlântico. "Geotectonics", 1976, No.6, p.122-127.

121. Lichkov B.A. Movement of continents and climate of the Earth's past. L., Izd. da Academia de Ciências da URSS, 1931.

122. Lomise M.G. Laminar systems and their relation with island arcs. "Geotectónica", 1983, No.2, pp.92-103.

123. LomiseM .G. Condições tectónicas do vulcanismo geossinclinal. M., Nedra, 1983, 194 p.

124. Khain V.E. Principais problemas da geologia moderna. M.: Scientific World, 2003.

125. Luchitsky I.V. Fundamentals of Palaeovolcanology. Vol. 1, Nauka, 1971, 490 p.

Luchitsky I.V. Sobre as rochas magmáticas ácidas dos oceanos. "Geotectónica", 1973, n.º 5, p.22-34.

126. Lyustik E.N. O problema do balanço energético nas hipóteses geotectónicas. Izv. da AS USSR, Geol. e Geogr. No. 3, 1951.

127. MaYyyUGG A. Polimetallc sulphidesë from the oceans to the contnents - seatechnoloy, 1982, No.1, Jap., p.15.

128. Macdonald G. A. Perigo de erupções vulcânicas. No livro: "Geological elements". M., 1978, p.97-185.

129. Maleev E.F. Volcanoes (livro de referência). Izd "Nedra", M., 1980, 240 p.

130. Mammadov A.V. Geological structure of Middle Kura depression (Estrutura geológica da depressão do Médio Kura). Baku, 1973.

131. Mamedov A.V., Akhverdiev A.T. Sobre a natureza e o mecanismo das falhas profundas a partir da posição da tectónica global. Revista. "Dergi" n.º 3, 2003, pp. 39-47.

132. Marakushev A. A. Problems of mineral facies of metamorphic and metasomatic rocks, M.Nauka, 1995, 327 p.

133. Mehtiev Sh.F. Para a questão sobre a posição tectónica de Talysh. DAN USSR, vol.58, No.5, 1947. .

134. Milanovsky E.E. Newest tectonics of the Caucasus. Moscovo, Izd. "Nauka", 1968.

135. Milanovsky E.E. On the Neogene and Anthropogenic volcanism of the M.Caucasus. Izv. da Academia de Ciências da URSS, Série Geol. nº 10, 1956.

136. Milanovsky E.E., Khain V.E. Estrutura geológica do Cáucaso. M., 1963.

137. uratov M.V. História da formação da bacia de águas profundas do Mar de Chorny em comparação com as calhas do Mar Mediterrâneo. "Geotectónica", 1972, n.º 5, pp.22-44.

138. Muratov M. V. Estrutura e desenvolvimento de maciços médios de regiões dobradas geosinclinais. "Geotectónica", 1974, n.º 3, p.36-46.

139. Naboko S.N. Mestasomatic "welding" of acidic tuffs in the subsoil of hydrothermal systems of active volcanism areas. No livro: "Volcanism and the Earth's Depth". Moscovo, 1971, p.280-287.

140. Nikolaev N.I. On Quaternary tectonic movements and the age of the relief of the Central Caucasus and the Precaucasus. DAN USSR, vol. 30, No.1, 1941.

141. Obuen J. Geosynclines, problems of origin and development.M.Mir, 1967, 302 p.

142. Peive A.V. et al. Formação da crosta continental do Norte da Eurásia (em conexão com a compilação de um novo mapa tectónico). "Geotectónica", 1976, n.º 5, pp.6-23.

143. PeiveA . V .Crosta oceânica do passado geológico. "Geotectónica", 1969, nº 4.

144. Peyve A.V. Ophiolites: estado atual e tarefas de investigação. "Geotectónica", 1979, n.º 6, pp.4-14.

145. Peive A.V. Tectónica e Magmatismo. Izd. da Academia de Ciências da URSS, série Geol., 1961, n.º 3.

146. Peive A.V. Tectónica e desenvolvimento dos Urais e dos Apalaches - uma comparação. "Geotectónica", 1973, p.3-13.

147. Peive A.V., Streiss N.A., Knipper A.L. Oceans and Geosynclinal Process. Dokl. of the USSR Academy of Sciences, 1971, Vol. 196 No. 3, p. 657-659.

148. Petrov V.P. Ignimbrite e lavas de tufo: mais sobre a natureza da arctufa. No livro: "Volcanism and the Earth's Depth". Moscovo, 1971, p.280-287.

149. Petrov V.P. Fundamentals of tuff and volcanogenic rocks classification (Fundamentos da classificação de tufos e rochas vulcanogénicas). Prob. vulk. E., 1959.

150. Aspeto petrográfico dos ignimbritos e das lavas de tufo e o seu lugar entre as rochas intermédias entre lavas e tufos. No livro: "Tuff lavas and ignimbrites". Moscovo, 1966, pp.24-38.

151. Petrov V.P. Bases teóricas da utilização prática de produtos da superfície vulcânica. Prob. vulk., E., 1959.

152. Pusharovsky Y.M. Problemas actuais da geotectónica soviética. "Geotectónica", 1986, n.º 1, pp.5-16.

153. Pusharovsky Y.M. Movimentos tectónicos nos oceanos. J.Geotectonics, 1978, No.1, pp.3-18.

154. Ritman A. Volcanoes and their activity. Izdvo "Nedra", M., 1964.

155. Svyatlovsky A.E. Sobre a vulcano-tectónica do grupo de vulcões Kliuchevskaya em Kamchatka. Boletim. Kamch. Vulk. st.№2, 1957.

156. Smirnov V.I. et al. Sulfide mineralisation in the main rocks of the Pacific Ocean floor - Dokl. of the USSR Academy of Sciences, 1975, Vol. 223, No. 3.

157. Solovkin A.N. About Quaternary formations of the Karabakh plateau (Sobre as formações quaternárias do planalto de Karabakh). Sov.geologiya, No.9, 1940.

158. Sklyarov E.V. et al. Metomorfismo e Tectónica M., 2001, 216 p.

159. Sobolev V.S. (ed.) Facies of metamorphism.N., Nauka, 1970. Vol. 1-4.

160. Solov'ev V.A., Krasnova G.L. Geologia do fundo do oceano e problemas de tectónica teórica. Geologia e Geofísica, 1978, nº 7, p. 130- 134.

161. Suleymanov S.M. Geology and ore-bearing capacity of the north-eastern part of the Lesser Caucasus (Azerbaijan) Ph.D. dissertation B., 1958.

162. Tikhomirov V.V., Malakhova I.G. Problemas de tectónica nos Congressos Geológicos Internacionais. "Geotectónica", 1084, n.º 1, 3-12.

163. TrifonovV. G. Características do desenvolvimento de falhas activas J. Geotectonics, 1985, No. 2, p. 16 -26.

164. Trifonov V.G. O problema da propagação da Islândia (mecanismo de alongamento). "Geotectónica", 1976, n.º 2, pp.73-86.

165. Frolova T.I. Vulcanismo geosinclinal. Alguns problemas de localização e origem das formações vulcânicas no exemplo da vertente oriental dos Urais do Sul. Auth. dissertação de doutoramento, 1970, 37 p.

166. Khain V.E. Sobre uma das mais importantes regularidades de desenvolvimento das cinturas geossinclinais intercontinentais da Eurásia. Izd. da Academia de Ciências da URSS, g. "Geotectónica", n.º 1, 1984, pp.13-23.

167. Khain V.E. Geotectónica geral. Izd. "Nedra". M., 1973, 512 p.

168. Khain V.E. Position of the Caucasus in the Alpine geosynclinal belt of Eurasia and its relation to adjacent folded structures (according to new data). Vest. MSU, Série IX, Nº 4, 1964. .

169. Khain V.E., Leontiev L.N. On the Cenozoic volcanism of the Lesser Caucasus. DAN USSR, Vol. 67, No. 4.

170. Khain V.E., Lomise M.G. Geotectónica com bases na geodinâmica. UNIVERSIDADE ESTATAL DE MOSCOVO, 1995.

171. Khain, V E. Problemas Básicos da Geologia Moderna. M.: Scientific World, 2003.

172. *Lobkovsky L. I., Nikishin A. M., Xauu V.E. Modern* Problems of Geotectonics and Geodynamics. - Moscovo: Nauchny Mir, 2004. - 612 c.

173. Chekhovich V.D. História tectónica dos Andes no Mesozoico e Cenozoico "Geotectonics", 1980, No.6, pp.82-87.

174. Shatsky N.S. Wagener's hypothesis and geosynclines. Izv. da Academia de Ciências da URSS, Série Geológica, 1956, No.4.

175. Sheinmann Y.M. Mais uma vez sobre a mobilização. "Geotectónica", 1966, No.2, p.110121.

176. Sheinmann Yu.M. Algumas características das relações entre o magma e a tectónica. "Geotectónica", 1967, n.º 5, p.58

177. Sheinmann Yu.M. On tectonic conditions of magma formation. No livro: "Problems of magma and genesis of eruptive rocks", Moscovo, Izv. da Academia de Ciências da URSS, 1963, pp.183-193.

178. Sheinmann Yu.M. A diferença entre a litosfera continental e oceânica e a diferenciação da Terra. "Geotectónica", 1972, n.º 6, p.29-44.

179. Shikhalibeyli E.Sh. Volcanism of the M.Caucasus as a consequence of the cliff-folding development of the anti-Caucasian geosyncline. "Voprosy Vulcanizma", Izd. da Academia de Ciências da URSS, 1962.

180. Shikhalibeyli E.Sh. Estrutura geológica e história do desenvolvimento tectónico

da parte oriental do Cáucaso Menor. T.1,2,3. Izd. da Academia de Ciências da Az.SSR, 1964, -67, 306 p., 263 p., 236 p.

181. Shikhalibeyli E.Sh. Algumas questões problemáticas da estrutura geológica e tectónica do Azerbaijão. Б., 1996.

182. Shikhalibeyli E.Sh. Main features of the history of tectonic development of Azerbaijan. Izv. da Academia de Ciências da Az.SSR, ser. de Ciências da Terra, 1981, No.2, p.14-55.

183. ShikhalibeyliE.Sh.Sh.Obras seleccionadas.Baku, "Izd.NayaRge88".2O11.art.200.

More Books!
yes
I want morebooks!
Buy your books fast and straightforward online - at one of world's fastest growing online book stores! Environmentally sound due to Print-on-Demand technologies.
Buy your books online at
www.morebooks.shop
Compre os seus livros mais rápido e diretamente na internet, em uma das livrarias on-line com o maior crescimento no mundo! Produção que protege o meio ambiente através das tecnologias de impressão sob demanda.
Compre os seus livros on-line em
www.morebooks.shop
info@omniscriptum.com
www.omniscriptum.com
OMNIScriptum

MIX
Papier aus verantwortungsvollen Quellen
Paper from responsible sources
FSC® C105338

Printed by Books on Demand GmbH, Norderstedt / Germany